Big Little Breakthroughs

How Small, Everyday Innovations Drive Oversized Results

微創新大突破

八大心法教你培育創意的火花，
平凡的點子也能積累出意想不到的成果。

Josh Linkner
喬希・林克納

連緯晏、尤凱蓉 譯

各界推薦

身為經驗豐富的企業家和投資者，喬希．林克納明白，創新鮮少存在於突然閃現的靈感中。他以實現創新和豐富的例子，體現平凡的想法也能推動非凡的結果。

——亞當．格蘭特（Adam Gran），《紐約時報》暢銷作家：《逆思考》作者

《微創新大突破》，替我們在日常生活發揮創造力設立了新標準。鼓舞人心的事例、引人入勝的研究，及實用的指南，證明所有人都能成為日常創新者。

——梅爾．羅賓斯（Mel Robbins），《紐約時報》暢銷作家：《五秒法則》（The 5 Second Rule）。《梅爾．羅賓斯秀》主持人

頂級商學院不想讓人知道的秘密：人人皆有成為創新者的能力。使用在《微創新大突

破》提供的工具和練習，能學習如何釋放與生俱來的創造力，並應用於日常。內容涵蓋來自世界各地前所未見的日常創新者故事，喬希．林克納激勵我們透過創造力，為身邊的社區團體貢獻。

——維傑伊．戈文達拉揚（Vijay Govindarajan），《紐約時報》暢銷作家

《微創新大突破》，提供明確的途徑，幫大家建構日常創新者軍隊，將想法化為行動。

——史蒂芬．凱斯（Steve Case），投資公司Revolution執行長，美國線上前任執行長與董事長

一本了不起的書。會改變你實踐突破與創造的方式。不要猶豫，絕對值得一讀。

——賽斯．高汀（Seth Godin），《紐約時報》暢銷作家

本書是我遇過最具創造力的人，以文字詳述的大師級課程。書中實例囊括三十年的老字

號公司和獨立的個人，故事引人入勝、步驟清晰。喬希．林克納在為了像你我這樣的人提供可行建議的寫作之路，持續發光發熱。

——喬恩．阿考夫（Jon Acuff），《紐約時報》暢銷作家

喬希．林克納制定了一套路線圖，將創新注入日常與繁瑣事務。提供切實可行的建議、鼓舞人心的故事，甚至還有讓人笑得前俯後仰的時刻。如果想解鎖內在的創造力，讀這本書就對了！

——彼得．麥克格勞（Peter McGraw）科羅拉多大學幽默研究室主任、《幽默營生》作者

喬希．林克納很會講述故事，他將創業故事的高潮，巧妙妝點成猶如精緻甜點蛋白酥奶白色高峰。《微創新大突破》對那些「我辦不到」的憂鬱者來說，是完美的魔藥。

——尼爾．帕斯里查（Neil Pasricha），《紐約時報》暢銷作家：《快樂是可以練習的》

文明的進步，不是只有科技推力，更多的時候是因為思維的改變，而引起的社會創新，才會是更大的突破。

如同我們真正願意脫離舒適圈之後，才會是困境之下的能動性表現，也是「人」之所以為「人」的核心價值。

如此，所凝聚的人們，必是五內之中，可以煮日。

——黃柏鈞 臺灣藍鵲茶執行長

創業的過程中，有幾次自己或夥伴終於提出創新的解法，讓卡住的僵局鬆開，得以往前推動，團隊動力再次衝向高峰；相反的，也會擔心團隊失去創新的能力，陷入創業的停滯陷阱。書中點出最重要的關鍵：不一樣的視角，因小可以得大。創業者時而需要宏觀，時而也需要微觀，人永遠不會是上帝的視角，即便是微小的發現，瞬間的火花，都可能產生巨人跨步的力量，創新創業，如此不易，卻因此可貴。

——林宜平 石虎米營運長

獻給我的兩位祖母，我非常思念她們。

米奇（Mickey），教我對語言的熱愛。

羅尼（Ronnie），教我一切皆有可能。

「偉大的事物，是由一連串的小事組成的。」

（Great things are done by a series of small things brought together）

——文森・梵谷（Vincent Van Gogh）

目錄

第二部分：日常創新者的八大心法

引　言

一位店主匆匆在擁擠的倫敦人行道上穿梭，習慣地伸出右手，把快抽完的煙頭彈到鵝卵石街上。正在彈動煙頭之際，一個亮黃色的東西吸引他的目光，他夾緊手上即將熄滅的香煙，立刻朝著維利爾斯街（Villiers Street）人行道邊緣走去，在與視線平行的鋁柱高度處，他發現一個閃亮的黃色箱子。

檸檬黃的箱子上，斗大的黑字寫著：「誰是你最喜歡的超級英雄？蝙蝠俠或超人？」為了投票表達他對《超人：鋼鐵英雄》的支持，店主把煙蒂塞進名字下方的小開口處。透過玻璃正面，他看著被尼古丁污染的煙嘴掉進容器後方，落在其他已塞入的煙蒂之上，在箱中的一側堆成小丘。當他意識到自己的英雄票數事實上已經領先《蝙蝠俠：披風戰士歸來》時，緊閉的下巴邊緣，微微揚起幾乎察覺不到的微笑。隨後，店主急忙趕回店裡開門，幾乎沒有意識到他已打破每天早上在擁擠的街道上亂扔垃圾的習慣。

每個煙蒂的長度也許不到一吋，但香煙殘留物卻是英國最大的亂丟垃圾問題。

光是倫敦市中心，每年花在清理和妥善處理煙蒂便超過一百四十萬美元。估計全球每年有四十五億個煙蒂被隨手亂扔在地上，煙蒂會釋放有害毒素，嚴重危害可能誤食的兒童或野生動物。它更是海洋垃圾的最大來源，數量遠超過塑膠吸管和塑膠袋。

環保運動家特雷溫．瑞斯托立克（Trewin Restorick）運用他的創造力，幫助我們保護地球。特雷溫具有英國人的幽默與智慧，他讓我想起有點不修邊幅的詹姆士龐德，把他那高價的燕尾服換成褪色的牛仔褲。不過，特雷溫是那種會讓人喜歡在附近酒吧跟他聊上幾個小時的人，細細品嘗他的故事，就像品嘗冰涼的啤酒配上熱薯條（或是如倫敦人喜歡的那樣，溫熱的啤酒配上冷掉的薯條）。他既不是世界知名的發明家，也不是什麼藝術名流。

就跟你我一樣，特雷溫是我們之中的一員。

特雷溫只知道問題一定有解決之道，決心跟香煙垃圾決鬥。他沒有貴族信託基金，也沒有金主，只用了我們皆擁有的通用資源：人人皆具備的偉大創造力。他發明了「煙蒂投票箱」（The Ballot Bin），挑戰吸煙者「用他們的煙屁股投票」。

螢光黃的鋼製投票箱的表面是粉末塗層，正面粘合玻璃，可以安裝在桿柱、牆面或欄杆上。這個時髦趣味的煙灰缸還可以客製化，針對兩個簡單選項來製作問題，例如：「英國脫歐，同意還是反對？」，「觀看一級方程式賽車（Grand Prix），還是美國網球公開賽（US

Open）？」，「喜歡批薩，還是漢堡？」，或「川普（Trump）的頭髮，是真的還是假的？」吸煙者以他們的煙蒂，塞進答案下方的小開口投票，並可透過玻璃立即看出哪個答案的票數領先。

之前，其他減少香煙污染的努力大多無法達成大效用，「煙蒂投票箱」卻減少了城市街道高達八成的香煙垃圾。第一個安裝在倫敦維利爾斯街的煙蒂投票箱，其影片在短短四十五天內，超過六百萬人次點閱。現今，這個創新的煙灰缸在二十七個國家使用，重大影響了全球環境。

「煙蒂投票箱」不需耗時數年開發，也不需要數百萬的資金。它不是由一群穿著實驗室外套的超級天才、或是矽谷（Silicon Valley）科技奇才設計的。事實上，特雷溫．瑞斯托立克的煙蒂投票箱正是「微創新大突破」。

「微創新大突破」是開解小創意行動隨著時間的推移，獲得豐碩的回報；是小火花進而燃成烈火。有時是微觀、肉眼看不見的，是小分子結合在一起解決最棘手的問題，並解決問題的最大機會。「微創新大突破」是一群無名英雄的努力，總的來說，他們的成果遠比雄心壯志改變世界的創新者更為顯著。

在本書中，我們將環遊世界，探索類似特雷溫．瑞斯托立克這種每天創新的故事——檢驗尖端研究，消除普遍常見的神話，破除看似難以逾越的障礙。我們特別研究了女神卡卡（Lady Gaga）、史蒂芬・史匹柏（Steven Spielberg）、神秘藝術家班克斯（Banksy）等知名傑出創新人士的習慣，解碼他們的習慣，借鑑他們的創新方法；並探索名人、企業家、全球指標性品牌領袖，以及戲劇性跌宕起伏的瘋狂科學發明家。

為了挖掘驚人的真相，本書將深入聖塔芭芭拉高科技化學實驗室、柏林龐克搖滾演唱會、曼哈頓油膩漢堡店，甚至還會造訪德州的一座監獄。

這些全是為了發掘一種實用的方法，釋放屬於大家的創造潛力。

本書不僅有關科學和故事；對我來說，這本書是非常個人的。

從很小的時候，我便覺自己是個異類。如果有二十位孩子共處一室，我馬上感到自己像是被拋棄、格格不入。我要在這裡聲明，我並沒有優越感。事實恰恰相反，我充滿自我懷疑和不安全感。大部分時間覺得自己是異類，現在仍然如此。

然而，發展創造技能成為我的救贖。提供我動力，成功幫助我從許多失敗的創傷中復元。我即創造力，這不因我生來即極具創造力，而是因長期以來刻意開發自己的創造力。讀者可能依舊抱持懷疑態度，不過我們將一起了解如何學習創造力，就跟學習數學、網球，以及爵士樂一樣。

我以將近三十年的研究與實際經驗，發展「微創新大突破」的框架。我個人使用這些法則來創立與售出科技公司、發起創業投資基金，當一個在世界各地工作的爵士音樂家、撫養四個美好又古怪的孩子。我們即將探討的概念不但簡單與實用兼具，而且還易於取得。這些概念適用在底特律長大的我，也絕對適用於大眾。

特雷溫·瑞斯托立克跟我一樣，我們不是什麼創意天才。跟我坐在一起共享特濃黑咖啡時，聊起他的大學時期，他說：「我絕對稱不上最好的學生」。特雷溫在勞工階級家庭長大，小時候並未展現出任何將來能有非凡成就的表現。他勉強從大專院校畢業後，背負著沉重的學貸負債，返回英格蘭西南部的家鄉：造船廠小鎮普利茅斯。

他在當地自治區找到一份臨時工作，幫助培訓無一技之長的勞工階級人士，在失業率特別高的時期，找到新的工作。

從各方面來說，特雷溫·瑞斯托立克的生活相當平凡，工作足以支付帳單，然後做著週而復始的工作。但他的內心有閃爍的火苗，一種相信他的生活能有更多可能的直覺。也許讀者也知道這種感覺，內心正有類似的火花。對特雷溫來說，他從小即深受環境因素造成的議題吸引。他對大自然深厚的熱愛，讓他對於幫助並改變日益污染的世界有堅定的使命感。

儘管特雷溫在環境領域缺乏任何培訓或經驗，他便開始擔任環境志工，參與並幫助清潔家鄉環境。在他參與環境領域的程度愈深、愈廣之後，他愈想把環保運動人視為他的新職業生涯。特雷溫決定冒險一試，他在二〇一三年成立小型非營利組織，英國環保團體哈呃（Hubbub）。「我們沒有錢，但是有野心」特雷溫回想當年，「我鐵了心要讓這個環保團體成功運作。」

特雷溫擁有的主要資產，正是人類的創造力，每個人都有的資源，只不過往往處於休眠狀態。與其煩惱以募款來解決複雜的環境汙染挑戰，特雷溫用他的想像力作為主要貨幣。他表示：「我們的使命是讓每個人都成為環保主義者，無論他們是否意識到自己的行為正如環保主義者」。

為了履行他的使命，他仔細研究傳統環保慈善機構的框架，很快便發現其中的缺陷。典型的募款方式多為運用內疚感，迫使支持者從口袋掏出錢捐款。令人感到內疚的原因往往過於抽象，這也正是多數環保工作失敗的關鍵原因。這一點反倒讓特雷溫看到可以讓環境行動主義變得有趣、易於取得，以及簡單施行的大好機會。「煙蒂投票箱」簡單又輕便，這也正是為什麼這個小巧思得以推動如豐碩成果的原因。

透過一系列的「微創新大突破」，他創立的英國環保團體哈呃獲得了推動力。某次，哈呃在繁忙的城鎮廣場一處公共垃圾桶內，安裝小型感應式揚聲器，鼓勵街上民眾妥善處理手邊的垃圾。

如果，把喝完的咖啡杯丟進垃圾桶、或投入不需要的購物袋時，聽到垃圾桶以有趣的聲音跟人道謝、或是發出誇張好笑的打嗝聲，路人還會亂扔垃圾嗎？

如今哈呃擁有近百名全職員工與數千名志工，還有大企業的支持，在世界各地多達三十個國家，擁有重大的環境影響力。但是請不要忘記，這一切僅是在幾年前，一名海港小鎮擁有遠大夢想的平凡人開啟的旅程。

有趣的是，特雷溫最初並不認為自己特別具有創意。「我想是因為在我看來，有創造力的人會是才華橫溢的藝術家，或是會演戲的人。我覺得創意人士早就都在創意產業發揮所長，而我知道那絕對不是我。」特雷溫的成功，只有在他擴展對自己對創意的定義後，才得以解鎖他的想像力，並加以實現他創意之舉。

「微創新大突破」不僅適用於螺旋槳發明家、穿著花俏前衛褲子的執行長，或穿著連帽衫的科技億萬富翁。恰恰相反，日常生活中的創新，讓大家都能以自己的方式，成為生活中的藝術家。無論年紀為何，無論擁有史丹佛商學研究所 MBA 高學歷，或高中輟學、肄業，「微創新大突破」都可以輔助讀者成為注定要成為的人，如日常生活中的小巧思，如何讓特雷溫．瑞斯托立克實現願景的方式一樣。

在閱讀本書的期間，我們將一起消除創新為高級管理人員、資深研發主導人，以及市場營銷專家專屬的迷思。我們將看到創造力的有效劑量，如何注入至每種功能性區域、惱人問題，以及組織結構圖中。

我們將發現的創新方法，不僅只適用於擁有多個常春藤盟校學位，或是跟政商名流有關係之人士。

正好相反。事實上，「微創新大突破」的框架，即為你我的創新。

- 它是給希望有更多貢獻，並獲得升遷的客戶服務代表的創新。
- 它是給想要贏更多案件的律師的創新。
- 它是給想跟同行巨頭競爭的初創公司的創新。
- 它是給想要擴展服務至更多患者的牙醫的創新。
- 它是給想在其他企業巨頭中，獲得競爭優勢的跨國公司的創新。
- 它是給希望能夠穩固一條永續性成功之路的家族企業的創新。
- 它是給剛從大專院校畢業，想從競爭激烈工作環境脫穎而出的人的創新。
- 它是給想跟新大客戶簽約的廣告公司的創新。

- 它是給具有高潛力後起之秀的創新。
- 它是給高階領導和中階管理人員的創新。
- 它是給企業家的創新。
- 它是給夢想家和實踐家的創新。
- 它是給我們所有人的創新。

點和圈

一八八四年，傳奇藝術家秀拉（Georges Seurat）和保羅．希涅克（Paul Signac），擺脫同行保守的繪畫技法，開創點描派（pointillism）的新繪畫技法。他們不像主流的印象派藝術家，先以顏料混合成數千種色，再以優雅的筆觸在畫布上作畫。秀拉和希涅克使用精確的點描，以無調色的純色，作為其革命性繪畫技法的基礎。純色顏料和點描技法兩者皆非了不起的元素。但是當兩者以創造性的方式結合時，以精確小點的點描技法畫作，自此成為研究素材與令人驚嘆的傑作。

秀拉開創點描派並發展新印象派（Neo-impressionism）的藝術運動，正是以小巧思獲得豐碩成果的例子。你和我，或是任何有自尊心的七歲小孩，都能輕鬆畫出紫色或黃色的點。當一個點與另一個點融合在一起時，便創造出具備質感、深度和意義的藝術作品。因此，這一件傑出的藝術作品，是由許多小點和小巧思集結而成的創作，而不是來自單一靈感創作的傑作。

我們將一起探索如何豐富微觀創意的繁盛，因為微觀創意的集結，能夠產生巨大的成果。我們也將學習如何進行逆向工程，先想像成果可達成的最大突破，然後再將之解構成每個必要的小組件。

從秀拉一八八八年的布面油畫〈大河塞納河〉（The River Seine at La Grande-Jatte），到亨利埃德蒙・克羅斯（Henri-Edmond Cross）一八九九年的布面油畫〈布洛涅森林裡的湖〉（The Lake in the Bois de Boulogne），許多最著名的點描派畫作，皆描繪池塘和湖泊的靜水。如果讀者曾經在夏季於湖邊野餐，請回想將一塊小石頭扔進靜止湖水的畫面。當小石頭打進湖面時，會從撞擊點散發出漣漪。只要一塊不比口香糖大的小石頭打進水面，漣漪即會不斷散發至遠處靜止的岸邊。

試想「微創新大突破」就像扔入湖水中的那一塊小石頭，細微的干擾讓沉睡靜止的湖面蔓延出一系列的事件至遠處的岸邊。從微觀的想法開始，每個人皆具備創造所尋求的改變的力量。在本書，我們將探索非凡的成功事蹟，起初正如一塊小石頭打進靜止湖面產生的漣漪。

不放棄表現的機會

雷鳴般的掌聲震耳欲聾。從坐位上站起鼓掌時，能感覺到我的心跳跟同場獲演出折服的二千一百九十二名觀眾一起激動的狂舞。我因激情而顫慄。

當時為二〇一五年的秋季，我知道自己剛見證了歷史性的一刻。起立鼓掌持續了很長一段時間，拍手拍了那麼久之後，我的手開始感到麻木。這個場景是在紐約市歷史悠久的理查德·羅傑斯劇場，當時我跟妻子蒂亞剛欣賞完音樂劇《漢彌爾頓》（Hamilton）的演出。敘述開國元勳在史詩中的對錯之間交戰的驚心動魄演出，嘻哈音樂、表達力十足的現代舞、非白人的歷史人物，這些元素的組合，將《漢彌爾頓》推向登上百老匯舞台最成功音樂劇的熱門演出。

《漢彌爾頓》獲頒十一項東尼獎，並獲得普立茲獎、葛萊美獎、告示牌音樂獎。《滾石音樂》雜誌以及《告示牌》雜誌同時將音樂劇中的音樂列入二〇一五年最佳專輯。《紐約客》將《漢彌爾頓》稱為「將歷史和文化重新構想的一項成就」。《漢彌爾頓》在二〇一六年十一月，創下打破百老匯單週票房新紀錄，僅在八場演出即獲得三百三十萬美元的歷史性票房新紀錄。到二〇二〇年一月，總票房銷售額超過六億二千五百萬美元，成為百老匯演出歷史紀錄上第七名最成功的戲劇。二〇二〇年七月，迪士尼投入七千五百萬美元在其串流媒體服務播出《漢彌爾頓》。

想訂購《漢彌爾頓》的票，成功率猶如在洋基體育場觀眾席接到飛來的棒球一樣。而且假如很幸運能買到一張票，還會盡可能掏出更多的錢，像是要價兩千五百美元的座位，以獲得更多的特權待遇。

《漢彌爾頓》不是由像安德魯·洛伊·韋伯（Andrew Lloyd Webber）或史蒂芬·桑坦（Stephen Sondheim）這些百老匯皇室成員所創造的音樂劇。《漢彌爾頓》由林曼努爾·米蘭達（Lin-Manuel Miranda）創作，該劇達一票難求的盛況時，他年僅三十五歲。米蘭達創作他的第一部百老匯熱門音樂劇《紐約高地》（In the Heights）時，大概剛好是可以合法飲酒的年紀。

年紀輕輕便有如此大的成功事蹟，讓人很容易把他聯想成天才編劇的傳奇、天生即贏得創意樂透的得主、像是他那個時期的貝多芬。大眾把米蘭達想像成受神欽點眷顧的超凡人物，他的天賦異稟對我們這些區區凡人來說，根本是遙不可及。不過，米蘭達的故事與一般想像的完全不同。讀者會驚訝其實米蘭達跟特雷溫更為相似。

米蘭達出生自西班牙裔移民的工人階級社區，紐約市曼哈頓北部的英伍德（Inwood）地區。孩童時期的米蘭達，遲鈍不靈活，無時無刻處於自言自語狀態，也經常受忽視。他滿臉青春痘。他被霸凌。他的女朋友甩了他。他沒有獲選進第一（甚至第三）足球隊的隊員。他沒有就讀紐約市世界頂級的表演藝術學校茱莉亞學院（Juilliard）。

事實上，米蘭達在很多方面就跟你我一樣。現在的他仍然是如此。

「每次寫東西，都會經歷很多階段。會經歷「我是騙子」的階段。會經歷「我永遠無法完成」的階段」，米蘭達在知名度疾速上升後的很長一段時間後，他在二〇一八年時表示：「有時候，寫作的過程非如我所願的快速。我很難在寫作過程中不過度自責，很難在等待寫作完成期間不虛度光陰。」

大家沒有聽錯。這位傳奇性的創作奇人在創作過程遇到困境，就跟大家一樣。

米蘭達花了很長時間才找到內心的聲音。他踏實地一點一滴磨練自己的寫作技巧，就如焊工研習工法一般。他創作了許多爛的故事。他有數以百計的構思落空。他有不順心的日子，也有順心的日子，接著又是更多不順心的日子。

米蘭達被懷疑和不確定、焦慮和恐懼纏繞。他不是先天的創意天才；他是後天成長的創意才子。

在研究眾多知名的發明家、企業家、音樂家和藝術家後，我了解到突破性的創造力更像是魔術戲法，而不是巫術魔法。巫師擁有與生俱來的力量，可以透過施法活上一千年（更不用多說能蓄一大把鬍鬚）。反觀魔術師，雖看似創造魔法，但實際上並沒有與生俱來的特殊力量。大衛・布萊恩（David Blaine）是魔術師，並非巫師。大衛用看似不可能的方式，創造出魔術性的壯舉來吸引觀眾，並沒有真正施法的能力。實際上，大衛是學習並練習技能，以高水平的表演呈現，帶給觀眾猶如魔法般的神奇感受。

這正是人類創造力的運作方式。人類創造力，是可透過學習獲得的技能，不是生物學優勢賦予少數人的天賦。從碧昂絲、吉米・罕卓克斯（Jimi Hendrix）、亨利・福特到伊隆・馬斯克，從畢卡索到歐姬芙，大師級的創造者是開發並練習技藝的人。這些名人可能擁有某種天賦，但是能擁有今日的成就，多要歸功於他們開發並練習技藝的習慣，而非單純生物基因的結果。

想像一下，如果米蘭達沒有耕耘他的才華，也沒有跟世界分享他的創造力，那將是多麼悲劇的結果。沒有《漢彌爾頓》、沒有奧斯卡金像獎、沒有《紐約高地》、沒有《海洋奇緣》（Moana）的配樂。世界不僅會錯失米蘭達的傑出音樂創作，也會認為不追求他的使命，浪費了大好人才。試想，要是米蘭達為了餬口跟支付帳單，而選擇從事卑微的工作。值得慶幸的是，米蘭達拒絕放棄表現的機會，跟移民出身的美國開國元勛亞歷山大・漢彌爾頓（Alexander Hamilton）一樣，拒絕放棄表現自己的機會。

小巧思的驚人力量

要產出新奇構思的壓力，會讓人感到難以招架。我們知道大膽的創新，在現今顛覆性和競爭激烈的時代扮演關鍵角色。但是提到突破性思維時，我們經常裹足不前。

與其追求達成一百億美元的首次公開募股、或角逐諾貝爾獎，最有效能的創新者，反倒是更專注於更小的事情上。哈佛大學教授斯特凡・湯姆克（Stefan Thomke）認為，百分之七十七的經濟增長要歸功於小創意帶來的進展，而不是激進的創新之舉。雖然改變世界的創新構想很迷人，但是「微創新大突破」才是驅動社會經濟成長的動力。

我讀五年級時，少年棒球聯盟教練要求上場必需大棒一揮、奮力一搏，把擊出全壘打當作唯一的目標，然而這跟以創新所該採取的戰術完全相反。（順道一提，在賽季最後一場比賽，我就是以這種每球大棒一揮的打擊法，被三振出局並輸掉比賽，我因而正式結束追求棒球生涯。）培養出日常創造力的習慣是最理想的狀態，儘管這麼做是違反直覺與正規的途徑。小創意不僅能驅動數量可觀的小勝利，加上每天的實踐，正是發掘我們所尋求的巨大突破的最快途徑。

「微創新大突破」的框架，提供了特定且實用的方法來解鎖蟄伏的創造力產能。不是瘋狂、冒險，或是昂貴的登月計劃，讀者將學會如何以每天釋放微小的創意火花的習慣，隨著時間累積，進而驅動碩大的成果。各位會看到透過耕耘大量的微創新，培養產生龐大轉變所需的技能，並建立承擔創新帶來的負責任風險的信心。

在本書的第一部分，會在顯微鏡下審視人類的創造力。我們將剖析並揭開創新過程的神秘面紗，會向神經科學家、億萬富翁、書呆子研究人員，甚至被定罪的重罪犯，學習他們的創新方法。

我們將深入討論在人生各種角色，創造解決問題的辦法，以及培養創造性思維的重要性。也會探索如何一次一個步驟，循序漸進打造創造力的肌肉質量。

當結束第一部分的時候，便會建立起基礎。讀者會了解創造力的運作模式，明白創新從何而來，以及如何發展出屬於自己的創造技能。打破創造力的迷思，阻礙運用創造力的因素將會被移除，讓自己相信創造力是特選之人才有的能力的有毒聲音將不復存在。讀者將會感到精力無比充沛，甚至可能還會有喝了一點小酒的輕飄飄微醺感，因為已準備把自己的創造力能力提升至新的層次。

本書的第二部分為創新提供了培養創造性思維，以及創造解決問題的辦法的系統框架。我們將透過傳奇人物、與當下社會格格不入的人、英雄，以及麻煩人物的事蹟，來探究《日常創新者的八大心法》（Eight Obsessions of Everyday Innovators）。剖析他們的心態，了解他們的秘密，然後竊取……呃……我的意思是……借用他們的創新戰術。

簡而言之，第二部分提供讀者大顯身手所需的所有工具。讀者將受到啟發、娛樂、獲得所需的裝備與工具，並運用《微創新大突破》作為強大競爭優勢的部署。讀者會開懷大笑，會感到驚訝無比，甚至會找一些新鮮的材料來加入這場創造力雞尾酒盛會。

我希望在本書的旅程，帶給讀者自身創造力獲得升級的感受。升級，在我們的日常生活中無所不在，從手機升級至配有一億七百萬像素的鏡頭，到必需擁有的榨汁機。我們升級使用的筆記型電腦、小貨車、割草機。

在工作場合，我們升級製造設備、辦公家具、每年夏季野餐的食物。在個人的私生活領域，我們努力升級人際關係、健康、鄰里關係。當我們一起探索《微創新大突破》的力量時，讓我們把注意力投向創造力的升級。

對於初學者，我不建議太快就走捷徑，最好還是先循規漸進的學習。先考慮達成百分之五的創造力升級，而創造力的增生，是每個人都能夠達成的目標。光是擴展百分之五的創造力產能，就能產生不成比例的巨大轉變，大大提升整體表現。百分之五創造力升級（Creativity Upgrade），不僅能幫諸位賺進更多錢，還會幫諸位在生活中最重要的事物中獲得更多。而且，百分之五的升級，絕對有完全的把握能夠達成。

讓我們一起消除一般人對創造力的迷思，解密其中的科學，並擁抱具創造性的思考方式。釋放「微創新大突破」的狂潮，成為我們所尋求的進步的助力。好好享受整個過程中獲得的樂趣。

所以呢，準備一杯雙份濃縮咖啡，我們這就開始囉。

第一部分　瓶中閃電

第一章 茅塞頓開

凱倫．普羅森（Caron Proschan）剛完成高強度的日常鍛鍊，想來點小零嘴，她大口喝著濾過的純水，接著拿出喜歡的口香糖——但這樣的組合就是兜不起來。

凱倫熱衷於健康的生活方式、食用有機食品、愛護環境。當她從混有麝香味的健身包裡拿出包裝皺巴巴、舊舊的口香糖時，突然感到困惑。為什麼自己最喜歡的口香糖，可以在四萬一千磅核彈頭直接擊中後，依舊維持完好如初的合成物呢？凱倫低頭看著身為運動員的自己，手上那包霓虹光色澤的口香糖，兩者的連結性十分不和諧。畢竟，外星藍並非自然界普遍存在的色彩。

身為重視健康生活的人，凱倫對此感到沮喪。為什麼本來應該來點健康小零嘴，卻吃進奶油餡海綿小蛋糕一半營養價值的東西？凱倫大步跑上她布魯克林的公寓樓梯，刻不容緩上網搜尋更健康的選項。既然有非基因改造、有機、自由放養草飼、純天然、人道技術栽培的石榴籽，就一定有更健康的口香糖。

凱倫對自己的發現震驚不已，但其實令她震驚的，反倒是之前沒發現的事，她心裡萌生了大想法。要是她自己建立健康的口香糖公司，開始生產完全使用天然原料的產品，滿足那些偏好喝小麥草汁、食用巴西莓果碗（Acai bowl），而不是喝伏特加、食用三豆辣肉醬的人呢？從顏色、原料，到危害生態的包裝，在兩百六十億美元的全球口香糖產業中，所使用的原料大多屬非天然物質。因此，凱倫決定改變這一切。一個夢想、一個新創企業，就此誕生。名為：「純粹口香糖」（Simply Gum）。

多年來，我一直對神話般「茅塞頓開」的瞬間、那些改變世界的神奇瞬間深深著迷。這些想法從何而來？為什麼有些人比其他人有更多的「茅塞頓開」瞬間？驚為天人的構想，是否為超級天才博學之士與才慧兼藝術家專屬？有沒有讓我們這樣一般的常人，也能夠產生更多、更好構想的方式呢？

在本章，我會把創意的創建過程放在顯微鏡檢視。我們將探索人腦如何形成新構想，如此一來便可以了解構想的心理學，並了解創意概念如何實際發生。讓我們一起解碼人類「茅塞頓開」的科學。

回到凱倫的新構想在她家小廚房裡誕生的那一刻，最初的想法火花，很容易被澆熄，就像許多出現在我們腦中如高解晰度彩色螢幕的構想。考量到凱倫．普羅森在企業、資金、製造技術或配銷聯絡人的領域完全零經驗，這個構想的結局，很可能就跟其他那些靈光一現的想法般不了了之。

由於這是個受到保護、培育、進而發展的構想，因此已在腦海中生根發芽。首先，凱倫得先了解口香糖產業。她知道全球市場的口香糖產業，其中六成的市占率由箭牌和吉百利（Cadbury）兩家跨國巨頭公司主導。她也知道，美國食品藥品監督管理局允許製造商把「口香糖膠基」列為廣泛的成分。不過就在經過更深入的了解後，事實證明對於「口香糖膠基」的模糊描述，可涵蓋達八十多種的合成成分，其中也包含塑料。凱倫對口香糖的了解愈多，便愈認同「千萬別吞下口香糖」的老生常談箴言。

凱倫想創立一個企業：生產健康的口香糖。她面對一個棘手的問題：口香糖產業寡頭壟斷。現在她只需要……嗯……一項產品，一個品牌、一套作業流程、一支團隊、資金、生產製造設施、分銷、包裝、商品清單、設備，以及獲得足夠的利潤，讓她買幾批冷榨甘藍檸檬芹菜胡蘿蔔汁，好讓她保持動力。凱倫必需在走路、嚼口香糖的同時也極具創意思維。

在沒有受過正式培訓，亦沒有特殊生產設備的情況下，凱倫在自家廚房做實驗，只是想製造一包口香糖的產量。生產健康口香糖的想法來得很快，但要弄清楚如何製作出這些產品，她花了一年多的時間，用綠茶來撐過無數個熬夜的夜晚。凱倫．普羅森用盡各種想得到的天然成分，做了數千次實驗。

為了拋棄塑料，卻仍保有口香糖的嚼勁和彈性，在不斷修正與試驗後，凱倫．普羅森找到來自中美洲產的人心果樹（sapodilla），果實中的樹膠為乳白色濃稠狀汁液，可作為替代塑料的原料。為了產出具備正確口感與口味的最終產品，同時也要能與他牌口香糖競爭，凱倫．普羅森最初的「茅塞頓開」新構想，變得比發明治療慢性類風濕性關節炎的新療法更複雜。

「我既沒有化學背景、也幾乎對下廚一竅不通。只能在自家廚房做出自己產品的決定，對我來說，絕對是跨出非常大的一步，」凱倫．普羅森跟我一同坐下喝著汽泡礦泉水時對我說：「剛開始的時候，我不停修正、試驗，整個過程很無趣乏味。我不知道自己在做什麼，但在努力一年後，終於創造出一個配方，讓我的產品嘗起來就跟口香糖一樣。」

凱倫的口香糖可生物分解，並宣稱這是任何主要競爭對手無法辦到的產品特點。沒有人造香料或成分，既不污染身體，也不污染環境。在幾十年來幾乎沒有什麼創新突破的產業，凱倫．普羅森以萊特兄弟重塑運輸業的方式，重塑了口香糖產業。

意識到自己終於可以自製口香糖後，更多的挑戰才正要開始。很多時候，創新的過程如同打地鼠遊戲：擊倒一個障礙物後，三個新的障礙物即刻出現。現在凱倫已征服口香糖的基底，接下來要著手的是風味。

大部分市售口香糖，提供預期中的一般風味，好比說清涼薄荷或是棉花糖。然而，純粹口香糖提供了純天然香料製作而成的風味，如生薑、楓木，以及茴香。凱倫甚至發明自己研發的風味組合，例如：淨化（葡萄柚、花椒梨、辣椒、海鹽）、強化（檸檬草、薑黃、辣椒）、提振（萊姆、辣椒、海鹽）。

很棒的口香糖加上有趣的風味……但在自家備有兩爐的廚房，也就只能生產出這麼多的口香糖而已。在機械、勞動力和房產的高成本考量下，最顯而易見的方案便是外包製造。製造業是難搞的行業，充滿各種安全及設備故障的隱憂。不意外的，凱倫．普羅森拒絕跟隨傳統的選項，她選擇在布魯克林建立自己的口香糖工廠。

「我沒有任何製造業的經驗，那是條陡峭的學習曲線」凱倫這麼告訴我：「但是口香糖的生產製程是『純粹口香糖』非常重要的一部分，沒有其他外包製造的工廠，能以我們要求的方式製作口香糖。即使是現在，有人問我是否可以培訓人員來執行外包製造的生產製程。這確實會讓事情更容易，但是擁有自己的製造工廠，提供了在一定程度上的控制，並維持一定的水平，要是我們使用聯合製造廠商，或是外包廠商，便會失去製造過程的靈活性。我很慶幸『純粹口香糖』有自己生產製造口香糖的工廠。也證明這是一項競爭優勢。」

到了這個階段，凱倫已經可以量產出像樣的口香糖產品。但她不僅是想生產口香糖而已。她下定決心要創建一家公司，讓更多的巧思茁壯並成長。凱倫的口香糖原料來自人心果樹，而她剛起步的公司的原料，則是來自想像力。非常豐沛的想像力。凱倫．普羅森的創新接下來要著手的待辦事項：包裝。

想要口香糖的外包裝展現出高度差異性、現代感、吸引力、高級感，凱倫決定親自設計產品的包裝，即便她沒有設計的背景，也沒有這方面的經驗。「我認為最好的方式，就是不使用任何消費性產品的包裝設計，因為很可能只是設計出已經在市面上的變體版本的包裝。」她微笑著告訴我。「我認為透過產品包裝設計的局外人來跳脫框架思考，能夠想出市面上完全看不到類似的產品包裝，才符合我的天然口香糖產品包裝需求。我的靈感來自蘋果公司，事實上蘋果公司的產品包裝吸引力，近乎全球通用，不論性別、各年齡層，以及顧客族群。」

凱倫經過數以百計的構想、失敗和失誤，終於產出值得在紐約現代藝術博物館（MoMA）展出的產品包裝設計。

華麗、乾淨、平光白底的盒子，印有原料的去背景照片，消費者不會把一包純粹口香糖跟泡泡糖搞混。它的產品標示包含口香糖裡的每一種成分，都是純天然的，而不是躲在美國食品藥物管理局術語背後的隱藏成分，這種風氣很可能是由穿細條紋西裝的遊說者，在高級牛排館舉辦的昂貴晚宴中發展出來的。「在包裝上也有一些創新」凱倫．普羅森向我說明：「有一些小包裝紙塞在盒子後面，可快速清潔處理咀嚼完的口香糖。消費者愛死了這項設計。想想有多少次處在需要處理咀嚼完的口香糖，手邊卻沒有餐巾紙的窘境？」

但是，擁有美味的純天然口香糖和時尚的產品包裝組合，依然是不夠的。沒有行銷通路資源的個體企業家，要怎麼讓自家的口香糖產品上架銷售？凱倫解釋：「我沒有在連鎖超市或超市連鎖企業克羅格公司的人脈，我也明白我的產品不會一開始即打進大型連鎖超市通路。一開始真的會很忙、很亂，得挨家挨戶拜訪，從最小規模的地區性層面開始。當時我先跟紐約這裡，位於哥倫布圓環商店街的全食超市（Whole Foods）洽談，地區性的當地超市，具有選擇經銷商品的自主權。我花了七、八個月的時間，才說服哥倫布圓環商店街的全食超市，存貨我的產品。」

經過兩年為產品經銷通路的忙碌與奔波、經歷被拒於門外，以及數不清留宿於簡陋汽車旅館的夜晚，凱倫開始建立出有意義的配銷通路。

一旦純粹口香糖陳列在貨架上明顯的地方後，凱倫仍持續打破常規思維，尋求不同於同業口香糖巨頭競爭對手的配銷通路，轉而在非傳統地點銷售她的口香糖。純粹口香糖目前是唯一在美國綜合性時尚品牌門市、美國零售家飾連鎖店好市多，以及美國家居家飾連鎖店Anthropologie通路販售的口香糖品牌。凱倫也經由純粹口香糖的網站銷售口香糖，這是口香糖產業史上最禁忌的銷售方式。

凱倫總是逆風而行，尋找發展業務的創造力，她接受銷售的雙重策略：直接銷售給消費者、以及透過零售商販售的銷售通路。如果有新通路可以讓她的純天然口香糖交至顧客的手中，那麼她絕對會找到。她的產品是目前亞馬遜網路購物平台暢銷的口香糖之一，最近的亞馬遜會員日，曾讓她的口香糖在單日下午的銷量暴衝至百分之一千三百二十七。

二〇一七年，凱倫擴展薄荷糖產品。薄荷糖有類似口香糖的功能：讓口氣清新，因此薄荷糖是理想的產品擴展項目。就跟當初研發天然口香糖一樣，她再次摸索產品、包裝、風味、製造技術和配銷。再一次，透過創造力和毅力的結合，凱倫．普羅森辦到了。

現今，純粹口香糖蓬勃發展中。該公司的產品目前已在多達上萬家零售店上架販售，它在天然口香糖類別中銷量第一，也吸引大量仿效者跟進。凱倫跟擁有數十億美元資金的競爭對手在市場上較勁，她不但沒有退縮，反而找到啟動、擴展，以及取勝的方式。

純粹口香糖並非盲目執行的單一想法。凱倫．普羅森的成功，是基於數百個「微創新大突破」的成果。起初是生產健康的口香糖的發想，接下來著手研究和剖析口香糖產業的構想。有使用樹膠代替塑料的發想，接下來便產生使用咖啡豆風味代替一般常見橙子風味的構想。還有她維持自行生產製造的大膽作為，在數以千計大量的微創新輔佐下，才得以真正實現。加上她同時直接銷售給消費者與透過零售商販售的構想，想盡辦法說服全食超市經銷產品；創造高檔、華麗外包裝的構想，然後再把巧思擴展至薄荷糖。

看到凱倫發展出如此多相互關聯的「微創新大突破」，不難將把她聯想成天賦異稟的創意天才。

凱倫在還只蹣跚學步的階段時，也許能坐在嬰兒高腳椅上用胡蘿蔔泥畫出令人驚嘆的海景，也或許能流利複誦上星期四學到的傳奇故事。

然而，即便達成令人難以置信的成功創舉之後，當我稱讚凱倫的聰明才智時，她依然不覺得自己是有創造力的人。「聽你這麼說還真有趣。其實我到今天還不覺得自己是有創造力的人，但也許是。我在成長過程中沒有展現特殊的創造力。我沒有具有創造力的嗜好。在音樂、繪畫、藝術方面也沒有長才與嗜好。我認為我的創造力是以另一種方式呈現，那正是製作口香糖。我想，那正是我表達創造力的方式。你說的一點也沒錯：設計一家公司、設計一個組織、設計一支團隊，所有這些實際上都是靠創造力。我覺得只有到了現在，我才真的開始明白並意識到這一點。」

凱倫的故事在眾多層面上皆令我著迷。她在這個競爭激烈的產業，以零經驗、無正規培訓、沒有雄厚資金的情況下，創立了非常成功的公司。面對創業過程排山倒海的難題，她全靠自己不斷的試驗與摸索，一一破解。她的成就不僅是基於單一的構想，還包括她在業務各個方面的創新作為。凱倫獲得高度亮眼成績的結果，是由數十個小巧思的創意壯舉推動，即便當下她不認為自己是特別有創意的人。

凱倫對挑戰口香糖產業霸權的史詩般創舉，將作為我們用來探索構想實際形成的方式，以及如何精通創建構想的過程的背景。

將大腦置於創新

聽到純粹口香糖創始人凱倫・普羅森這類的創業故事，或像林曼努爾・米蘭達這位知名才子的寫作與創作故事時，一般會認為他們擁有一般人不具備的特殊天賦。

彷彿天空短暫開了一道裂縫，眾神賦予少數天選之人擁有天神般的力量。大眾受引導成相信自己屬於其中一種：有創造力和沒創造力、且無能為力於有沒有具備創造力。在過去的十年，神經科學家在理解人類大腦上有了巨大進展。這巨大的發現，多要歸功於臨床上可定位大腦各區功能的功能性磁振造影（fMRI）機器等先進技術的研發，乃歷史上首次可提供人類大腦運作清晰圖像、解密人類大腦的世紀之謎的先進設備。

其一關鍵發現，為現今科學界廣泛接受的概念：「神經可塑性」（neuroplasticity）。直到最近，還是盛行人類大腦是「固定」的概念。一輩子維持天生的腦神經線路接線方式，就此而已。讀者可能還聽說過諸如腦細胞無法再生、或認知是被動的靜態設備，因此無法適應或成長的理論。

如果大腦是在車庫舊物出售購回的割草機，那就真的無法替這部割草機升級，不如花一千九百美元，把割草機換成強鹿（John Deere）英制馬力的雙缸燃氣動力騎乘式割草機（Gas Hydrostatic Riding Mower）（試試這個折扣代碼：神經可塑性）。

事實證明，人類大腦完全不像舊割草機無法重建。人類大腦更像是草坪。這草坪具延展性，對環境、肥料、殺蟲劑、種子，以及鄰居的棕色貴賓犬都會有所反應。如果從不替草坪澆水，草坪會成為焦土。如果不加以保護草坪，則會成為不美觀的雜草田。但如果替草坪播入新種子、施肥、灌溉、修剪，保護並照料它，翠綠的草坪也可以成為令人欽羨的一片小土地。

草坪是會反應環境變化的，草坪可以被種植或殺死、茂密增生或枯萎、美化或污染。如果照料得當，也可以從以前的疏於照料狀態，迅速重生、再次茁壯成長。

這正是「神經可塑性」驚人突破的本質：大腦並非「固定」……人類大腦可以改變、適應和成長。科學期刊不易閱讀領略，我發現其中術語最少的是一篇二〇一七年發表於Frontiers 科學期刊的文章：〈心理學：聽覺認知神經科〉（Auditory Cognitive Neuroscience）：「神經可塑性，可視為人類大腦用來修改、改變、適應結構和全部生活，以及反應經驗能力的統稱術語。」（專家提示：閱讀專業神經科學研究文章，對治療失眠非常有效。）

是什麼讓一板一眼的研究科學家離開實驗室辦公桌，跟「神經可塑性概念」為之起舞？這證明了大腦可以形成新的神經元路徑、突觸和連結。我們不只是在談論學習；我們在談論的是實際改變大腦裡的化學和組合。就如同煤炭可以轉化成鑽石，流鼻涕的青少年最終可變身為可令人忍受的人類，諸位的大腦也可以塑形和發展。

有關各位的創造力，我在這裡邁出一大步，杜撰一個新詞：「INNOplasticity」（「創新腦神經可塑性」）。（如果我不小心被消失，請通知當局去調查 Frontiers 科學期刊：心理學：聽覺認知神經科心理學文章背後的邪惡天才科學家。）

「創新神經可塑性」是建立於「神經可塑性」概念的基礎上，「創新神經可塑性」主張創造力像大腦一樣可以擴展。從以上的定義更換幾個詞，把「創新神經可塑性」想成：「一個統稱，指一個人在生活中修改、適應和發展創造力的能力，以回應培訓、發展和經驗。」

「創新神經可塑性」是錦上添花的說詞，用來表示創意潛力，遠大於出生時、十一年級時，甚至是現在所具備的創造力。每個人都能夠培養和增進想像力，像大腦和草坪可以變得更好一樣。人類大腦就跟家裡的前院草坪一樣，也可轉變為更好的結果。凱倫．普羅森辦到了，大家也可以。而且，這些變化發生的速度，可能比想像中要快得多。

棒呆了，真有你的

相信大多數人都經歷過脊椎發冷的敬畏感受。在義大利科莫（Como）湖畔的拉達仙納（La Darsena）露天咖啡館，享用其自製的彈牙義大利麵。或在加拿大蒙特婁炎熱的夏天，觀賞太陽馬戲團高難度且精彩刺激的雜技表演。對我來說，則是看到剛出生的雙胞胎瞬間——阿維和塔利亞，早產十四週，出生時體重各只有九千公克左右，在新生兒重症病房度過一百零四天。（如今他們已是快樂、健康又搞笑的四歲的孩子。）

感受敬畏的時刻，是種激勵。事實證明，這種感受也能強化創造力。

義大利倫巴底（Lombardy）地區，距離上文彈牙義大利麵產地僅七十四分鐘車程，研究人員執行了一項測量敬畏感受對創造力影響的研究。受試者自願參與二〇一八年的研究，由義大利米蘭聖心天主教大學（Università Cattolica del Sacro Cuore）與瑞士韋伯斯特大學日內瓦校區（Webster University Geneva）共同進行的研究。

受試者皆分派到一具虛擬實境耳機，觀看一部短片。隨機將受試者分成兩組，一半的受試者觀看令人敬畏的短片，內容為令人驚嘆的大自然景觀——雄偉的紅杉樹、壯麗的懸崖充滿張力筆直落入海中，洶湧的海浪不斷拍打著峭壁，各式色彩繽紛的魚，圍繞珊瑚礁悠游盤旋。

相較之下沒那麼幸運的對照組，得試著在觀看短片期間保持清醒，短片內容沉悶枯燥——母雞在草地上漫無目的徘徊。

結束觀看短片後，受試者立即進行陶倫斯創造思考測驗（Torrance Test of Creative Thinking），這是世界上最著名、最廣泛應用於測量創造力的黃金標準測驗。受試者男、女人數相同，皆來自同一地理區域，具有相似的教育背景和工作經驗，因此會預期每一組受試者的陶倫斯創造思考測驗將產生一致的結果。然而，單是體驗敬畏感受，或是沉悶感受，皆對創造力造成巨大影響。事實上，第一次體驗敬畏感受的受試者，其陶倫斯創造思考測驗狠狠超越其他組受試者的表現，就像美式足球聯盟職業盃明星球隊跟高中新生比賽獲得壓倒性的勝利。

陶倫斯創造思考測驗測量創造力的四個組合項目：流暢度、變通性、精密度、獨創性。實驗中，敬畏感受組在流暢度項目的表現比沉悶感受組高出七成，在變通性項目的表現高出六成九，在精密度項目的表現高出七成九，以及在獨創性項目的表現大幅高出百分之一百一十四。把數據平均計算，光是在嘗試創造力任務前獲得激勵的感受，敬畏感受組幾乎獲得一致的表現結果，比對照組高出八成三。

不論受試者在抵達參與實驗的現場之前，是否認為自己具有創造力，光是在意識中注入一點敬畏感受，便大幅提升了創造力表現。如此微小的環境變化，如何能產生結果的巨大改變？關鍵見解：我們已擁有在巨大休眠中創造力的儲蓄池，只等待解鎖。創造力表現呈高百分比的增加，表示創造力早已存在受試者腦中。因為新技能無法快速學習和掌握，反倒是那些能力被隱藏了起來，只等待有人能解鎖創造力儲蓄池，讓創造力盡情發揮。

史丹佛大學的研究人員則在二〇一四年進行了類似的實驗，靈感來自當地的英雄：史蒂夫·賈伯斯（Steve Jobs）。賈伯斯不僅以他在商場上的壞脾氣聞名；與他會面過的人，大多發現自己在散步，而不是坐著。因此，史丹佛大學的研究團隊想知道散步是否提升創造力。簡單的散步，有可能促成賈伯斯輝煌成就的關鍵嗎？

該研究以一百七十六名學生與成人受試者，測量散步如何影響創造力的產出。以探索其持續時間、沿途景色、天氣，以及陪伴對創造力產生的影響，施以各種散步實驗。完成散步後，受試者立即進行擴散性思考測驗（divergent thinking test），測驗內容包括受試者發想出一項物件的非明顯用途。例如，向受試者展示一條輪胎的圖片，受試者可能會發想出圖片中的輪胎，能夠作為綠巨人裘利（Jolly Green Giant）的尾戒的用途。

研究人員把散步跟其他因素隔離，以確保獲得散步對創造力的影響的結果。研究結果：散步比坐著的創造力產出，平均增加了六成。不是只增加百分之零點六，也不是百分之六，而是百分之六十。

除了讓受試者留置在全新的環境，並允許途中自由探索，其中一項增進創造力的因素，可能是稱作「腦源性神經滋養因子」（Brain Derived Neurotrophic Factor），簡稱 BDNF 的蛋白質。

美國哈佛大學的約翰．雷蒂博士（Dr. John Ratey）將「腦源性神經滋養因子」形容為大腦的「滋養因子」（Miracle-Gro）。在運動過後，大腦會釋放蛋白質家族，其中的「腦源性神經滋養因子」調節神經介質傳導，並使其保持新鮮與活力。

在大腦的海馬迴（hippocampus）（掌管創造力的關鍵區域），「腦源性神經滋養因子」

刺激神經元生長。簡單的說，移動身體，會觸發大腦產生「腦源性神經滋養因子」，在發揮增長腦細胞作用的同時，也刺激了大腦掌管想像力的關鍵區域。

凱倫．普羅森最初的「突然明白」時刻，就在她健身後立即浮現的構想。因此，如今純粹口香糖甜美的成功，也許多少要歸功於當時她大腦中大量釋放的「腦源性神經滋養因子」。

義大利的敬畏感受研究和史丹佛大學的散步研究，皆證明人的創造力是非「固定」的，創造力的表現會受到外部因素的影響。還有幾十個類似的研究，每個都再次證明，創造力的程度，就像是體重，而不是身高。我不太可能在五十歲時還長高個十一英吋，但是體重可以上升或下降，就看每次坐下的時候，狼吞虎嚥幾個覆盆子口味的甜甜圈而定。

嘿……別偷走我的想像力

正向的外部因素顯然會提高創造力，但可以預料的，負面的外部因素可能讓創造力消失殆盡。不幸的是，大眾容易受到看似無窮盡的負面外部因素影響，導致多數成年人高度未充分利用創造力的力量。

早在一九六八年，喬治・蘭德博士（Dr. George Land）執行了現在非常著名的實驗。他替美國國家航空暨太空總署設計了創造力測驗，作為篩選創新科學家和工程師的參考，有一千六百名三至五歲的兒童參與了相同的測驗。之後，在這一千六百名兒童十歲和十五歲時，再次進行相同的測驗。喬治・蘭德博士這項研究測驗，旨在測量隨著時間推移、且經過外部因素影響，受試者的創造力程度。該研究獲得令人瞠目結舌的結果：

- **三到五歲兒童的測驗平均得分：百分之九十八**
- **十歲兒童的測驗平均得分：百分之三十**
- **十五歲兒童的測驗平均得分：百分之十二**
- **二十八萬名成年人進行相同的測驗：百分之二**

喬治・蘭德博士寫道：「我們得到這樣的結論：非創造力行為是透過學習的。」同樣的，大眾的思維可以擴展，並學習如何更有創造力，但多數人的境遇卻是與之相反。很不幸的，很多人的創造力並沒有隨著年齡的成長愈漸增加，反倒是愈漸減少。所以說，帶著全套彩色蠟筆進幼兒園，悲慘的是，高中畢業只剩一支藍色原子筆。

看到這樣的統計數據，真是令人氣憤。在一個比以往都更需要充分運用創造力的世界，大家竟然允許自己的創造力被抑制。仔細探究為什麼會發生這種情況，其實這是多種因素組合的結果。大眾身處求好心切的父母過度保護，而不讓他們盡情探索，醫生替病患診療可抽煙時所設計的學校系統，企業老闆忙於保護自己的等級制度地位，而無暇創造新鮮玩意的年代。但現在先不深入探討社會創造力衰弱的根源。然而正是這些因素，切斷了想像力電源開關。每個人都必須以自身的力量對此加以反擊。

「微創新大突破」的字詞

創新，一詞的含義，比航班被迫取消後的混亂機場櫃檯更令人困惑。關於這一點，我認為我們應該要達到相同共識，如此一來，才能充分利用我們在一起的時間。

讓我們先從想像力開始。想像力是可轉化成創造力和創新的原料。把想像力視為我們預想嶄新事物的能力。想像世界上最高的摩天大樓傾側漂浮在蘇伊士運河上，且摩天大樓外觀覆蓋著一九八〇年代的柔和菱形狀圖案，或是想像可以運算大學畢業程度的數學三角學的外觀特異山羊，兩者皆是想像力的例子。就我所知，上述兩者皆非存在於現實世界中，所以當我對此進行描述的時候，實際上需要用到我的想像力。

我的摩天大樓和山羊的構想，根本不具任何益處或價值。雖然兩者皆為新穎的構想，但是我並不會因此贏得皮博迪獎（Peabody Award）。想像力要從食物鏈向上移動至創造力，必須具備一些內在價值。

當阿維（我的四歲孩子）用相撲選手的力量，猛力敲打我的鋼琴時，他正在做富有想像力的事情，但不是那麼有創造力。阿維也許每分鐘能夠敲打出與傳奇爵士鋼琴家賀比·漢考克（Herbie Hancock）同等數量的音符，但是我認為阿維恐怕還沒辦法威脅到賀比·漢考克在卡內基音樂廳（Carnegie Hall）的演出機會。

接下來，我們可以把創造力定義成一種具有想像力的東西（新穎、新鮮、嶄新），且具備內在價值。賀比·漢考克精心挑選要演奏的音符與演奏方式，並遵循特定的樂理準則演奏。賀比·漢考克也決定不要演奏的音樂曲風，所以當他在創作引人的音樂時，也運用了他的推理與判斷。阿維比較有可能是用麥克筆在琴鍵上著色，或探索如何將他的花生果醬三明治好好擺在琴鍵之間。那是想像力，非創造力。

當創造力晉升至創新，「效用」的元素加入。也就是說，創造力行為是否產生有用的東西？

如果我將五桶霓虹漆倒在妻子蒂亞的車體上，那是想像力。但是沒有價值或效用的原始想像力，意味著我這麼做的話，結局是我會睡沙發六個月。但是呢，如果她一直想要在車體上有一條賽車條紋，而我用她最喜歡的顏色，仔細在她的車體上畫出火焰條紋，她對新奇事物的渴望和我不純熟的繪畫技巧相結合之下，也許會形成某種具有創造力資格的東西。在這個情境下，創造力就在旁觀者的眼前。蒂亞可能會發現她的車體令人眼花繚亂，而我可能會欣賞其藝術性價值。創造力是主觀的，確實是如此，如音樂、雕塑、口述詩，以及所有其他形式的藝術。

再朝這個構想更進一步，要是我能發明可根據電流改變顏色的塗料化合物，讓車主在每天早上發動愛車引擎時，只要按下儀表板上的按鈕，便能為車體選擇今天的顏色，這就具備創新的資格。這會很有幫助，這項發明的利潤可用來作為我報名繪畫課，惡補繪畫技巧的資金。

讓我們回顧一下：

想像力＝任何新構想

創造力＝具有某些價值、藝術性或以另外的方式呈現的新構想

創新＝具有效用的創意構想

規模的大小有關係嗎？

出於某種原因，大眾被教導成創造力和創新要能發揮作用，就必須具有一九八九年舊金山大地震的規模。讀者可能還記得，地震的規模是用芮氏地震量表測量。根據《美國遺產科學大辭典》（American Heritage Scientific Dictionary），「芮氏地震量表，則是依據地震儀振盪來表示地震規模大小的標度」。

簡單來說，數據愈高，造成的損壞也愈大。舊金山大地震是怪物級的地震，芮氏規模六點九級強震。但這是否意味著二〇二〇年一月在波多黎各發生的芮氏規模五點八級地震不算什麼？無論地震是九級（造成完全毀壞的程度），還是二點四級（幾乎無感），地震仍是地震。

創新和創造力也是如此。發明拯救生命的藥物療法，比發明會講敲門笑話的門鈴的效益更重大，但兩者仍是創新之舉。我最近的爵士樂創作跟邁爾士．戴維斯（Miles Davis）的歷史音樂鉅作《Kind of Blue》專輯相較之下相形遜色，但實際上兩者皆具有創造力。

創造力研究者詹姆斯．考夫曼（James Kaufman）和隆納．貝格托（Ronald Beghetto），開發了「四C模型」（4C model）的巧妙結構，把「四C模型」想成創造力的芮氏地震量表。

「四C模型」由「迷你創造力」（mini-c）開始，為創造力的初始階段。當我四歲的孩子塔利亞向我展示她用手指畫出的作品時，相信大家都會認同該作品不會在羅浮宮展出。這個「迷你創造力」依舊是用心製作的成果，但是缺乏胡安．米羅（Joan Miró）的客觀藝術性價值。也就是說，如果塔利亞要成為知名藝術家，她會需要漸進式開發「迷你創造力」技能。

考夫曼和貝格托解釋，接下來是「小巧創造力」（little-c）。在這裡，創造力的作品，具有超越其創造者的價值。從現在開始的三年後，如果塔利亞的畫作登上校刊，並獲得當地藝術的獎項，她就晉升到「小巧創造力」狀態。這時候，她的作品並不會在競標拍賣會上賣到十七萬五千美元，不過，嘿……這算是在進步中。

「小巧創造力」持續進行，便來到「專業級創造力」（Pro-c）。想像塔利亞取得藝術創作碩士學位，並獲得商展機會，便能結束在餐廳當服務生打工的工作，全心投入她的藝術職業生涯。顯然的，她的作品的品質和價值，已踏入專業級的水平，因為她現在負擔得起住在十五坪半左右的公寓工作室，偶爾享受雙層配料的比薩。

最後，來到創造歷史的「重量級創造力」（Big-C）——林布蘭（Rembrandt Harmenszoon van Rijn）、芙烈達．卡蘿（Frida Kahlo）、畢卡索（Pablo Ruiz Picasso）——歷史上具傳奇地位的藝術作品。絕大多數才華洋溢的專業藝術人士的職涯從未能達到如此成就，但並不表示他們的作品缺乏價值。塔利亞可以過著美好的生活，擁有具意義的藝術職業生涯，縱使從來沒有創造出「重量級創造力」的曠世鉅作。可以肯定的是，「重量級創造力」壯觀磅礡，但大眾太常將之視為是否具創造力的標準。如果參考點是梵谷的鉅作，這也難怪大多數的人不覺得自己有創造力。

問題是，歐姬芙（Georgia O'Keeffe）和塞尚（Paul Cézanne）並非打從娘胎就是藝術大師。他們晉升至「重量級創造力」的方式，就如其他藝術家、發明家和音樂家一樣：從「迷你創造力」開始，透過練習來逐步提升。達文西（Leonardo da Vinci）的第一幅畫作並不是《蒙娜麗莎》；首先，達文西得學習繪畫的技巧。每個藝術家在一步步學習的過程，應該會獲得釋放的自由感受。每個人皆可養成創造力的完整潛力，從一次創造一幅糟糕的畫作開始。

「創新」一詞，比創造力一詞更富有含義。亨利．福特發明的汽車裝配線才稱得上創新。相較下，在午餐時間節省十一秒排隊時間的新構想，可能非常微不足道。事實上，這兩種構想都屬於創新，就像任何震級的地震都是地震一樣。我喜歡以三種角度來看待創新：**創新**（大型字）、**創新**（中型字）、**創新**（一般字）。

大型字創新是大事件。發明電吉他是創新。築巴拿馬運河，是創新。內燃機（combustion engine）的發明，沒錯，也是創新。

大型字創新與「重量級創造力」非常類似。我說的是改變生活、創造歷史的傳奇性創新：活字印刷術、青黴素、無線通訊。

同樣的，創新不需要非得重塑歷史。**中型字創新**是單次點擊進入執行創新。這些是每個人一年可能會發現一至兩次的重要創新，而不是百年才一見的難得創新。可以是有助於在短期六個月增加收入兩成八的新產品。或者可省下支出成本一成三的新生產工法。**中型字創新**豐富並具有意義，即便不足以讓未來世代在書本中詳盡記錄其存在。

還有經常被欺負的小型字創新。跟「小巧創造力」一樣，小型字創新常遭到漠視，因為不夠具有價值。**小型字創新**可看作重新構思工作面試的方式、改進提交費用支出報告的流程，或找到更快速完成的工作途徑。事實上，這些都是微創新大突破。不過，很常發生的是，思想狹隘的人，看不起小規模的創新。

但就像創造力一樣，創新是具備魔法和力量的小火花。這些小火花在創新家族中最受到忽視，以及未充分利用，在與同級別和不同級別的創新相較之下，其實力和價值居冠。風險更小，更容易發掘，可更快施行。成本更低，而且每個人可輕易取得。如果真的想發展大型字創新，跟藝術界傳奇鉅作從創造力階段萌芽的發展一樣，最好的方式，便是透過施行大量的小型字創新來磨練技巧。

大家該停止認為自己缺乏創新，只因為還沒有申請到一百九十三項發明的專利，也沒有創立市值十億美元的公司。讓我們不要因為第一次嘗試藝術創作，成就不及芙烈達・卡蘿和達利（Salvador Dalí）便陷入認為自己不具創造力的陷阱。反倒是要慶祝各種程度的創造力和創新行為，明白練習與執行得愈多，其重要程度便會變得愈大。

構想的剖析

凱倫・普羅森將純粹口香糖打造成非常成功的企業，儘管在同業競爭對手中處於劣勢。她的成功，結合想像力、創造力、創新，融合四種創造力，以及三種角度的創新的特調配方。不過若要更深入剖析，魔術戲法的魔術成分，往往不如想像中的多。就像魔術一樣，要是發明可以分解為核心組件，能夠受到理解，然後加以複製呢？

暫時進入科學領域，請試想一個原子。把原子想像成單一的東西，但必需有極其重要的次原子粒子（質子、中子、電子），才得以有原子的存在。就像原子一樣，有幾個組成要件需要融合在一起，才能形成一個實際的構想。構想的五個組成要件為：想法、火花、試演、精煉、彈弓。

①**想法**：早在一個新的構想出現在陽光下之前，其生物基因可以追溯至我們稱之為想法的出生地。想法是任何構想的基礎，包括先前的經驗、背景、研究、觀點，以及外部因素，例如地理位置。

凱倫．普羅森對有機食品和健康生活的熱衷，結合她對口香糖的熱愛，兩者在創造健康口香糖的構想中，皆發揮重要的作用。她先前參與過一家初創公司的創立，這個經驗有助於她創辦自己的公司的構想。一般而言，如果想提升構想（數量和品質），擴展想法的根基，廚房裡的配料愈多，做出來的舒芙蕾就會變得更具創造力。

②**火花**：常與完整的構想混淆，火花比較像是蝌蚪。它是構想的早期開端，但並非已完全發展的版本。火花是那些原始的、最初的、尚未成熟的概念，最後能形成具有價值的東西。從凱倫．普羅森開始研究口香糖主要配方到開發完成，經過了整整一年的火花時間。健康口香糖的構想，由數百個構想的小火花而形成，而且大部分的構想最後沒能付諸實踐。

③**試演**：火花產生後，必需進行試演。試演的步驟，能夠決定是否剔除火花、或值得進一步探索。當凱倫．普羅森在研究口香糖的基底時，她試驗且剔除了許多火花。

④精煉：通過試演階段的火花，有待進一步修飾。精煉是構想的調整、改進並磨煉至完美的程度。凱倫．普羅森並沒有在第一個火花產生、只通過一次試演後就急於推出產品，反倒是專注於精煉配方的口感與一致。

她透過不斷的嘗試與調整，確保口香糖的風味在口中維持足夠長的時間。她也從數十名口香糖試吃者獲得回饋，依據他們的反應來調整配方。藉由這一步驟，她也精煉了其他因素，例如其對環境生態的影響、生產成本，及對健康的益處。

⑤彈弓：同樣的發展方式，最初的火花產生之前需要先有想法。彈弓是讓構想得以走出實驗室並加以實現的必要步驟。不具詳細的執行計劃，只是提供方向的指引，引領構想進入下一個步驟。凱倫．普羅森一旦完成口香糖基底配方，下一個合乎邏輯的步驟便是添加風味。一旦風味鎖定後，很明顯的，接著需要進入高效生產過程的步驟。彈弓連結一個構想至下一個構想，以同樣的方式如拼圖般，找到下一片合適的拼圖，最後拼湊出完整圖像。事實上，彈弓的概念是一系列的想法與創意構想互連。

將神話般的構想分解成各種組件後，構思過程就變得沒有如此遙不可及。透過這種循序漸進的方法，可以用一級方程式賽車，賽程中維修站工作人員的那種精確度，作為創意能量。事實上，凱倫．普羅森的每個突破，皆是透過這相同的構想定序而產生。

想設計新潮的產品包裝以在競爭者中脫穎而出，凱倫．普羅森的想法囊括了她個人的品味與偏好（例如，她喜愛蘋果公司的產品包裝設計），對競爭者的產品的了解，以及生產可生物分解的產品的渴望。在數百個早期產生的火花中，凱倫．普羅森縮小可能成功的火花範圍，接著進入試演的階段。她調整並精煉這些概念，

最後挑選出最喜歡的精煉成果，然後進入下一個步驟的彈弓階段，讓產品上架。為了打進零售商通路，凱倫．普羅森的想法，包括殺手級的產品包裝（進入彈弓階段之前的構想），了解零售商選擇經銷商品的方式，以及目標商店清單。凱倫．普羅森嘗試了許多火花皆無功而返，但有幾個火花通過了試演階段，比如產品打進全食超市通路。精煉歷時數個月的時間，凱倫．普羅森調整她的方法，最終說服單家商店存貨她的口香糖，這成了她下一個構想的彈弓，將產品擴大配銷至更多商店。

回想一下自己的構想，哪些過去對自己最有用的構想。當作一個實驗，看自己是否能把最初看似「突然明白」的內容，拆解成構想的五個組成要件。透過定序構想基因組，出乎意料的結果證明，令人驚豔的創造力，可以公式化。

傳奇吉他手、爵士音樂家和神經科學家走進酒吧……

他的白色電吉他回應現場的回饋和嚎叫，在酷熱的八月，舞台下四十萬名如痴如醉的歌迷，沉浸在他演奏的迷幻版美國國歌。這可能是胡士托音樂藝術節（Woodstock）最受人崇敬的曲目，吉米．罕卓克斯（Jimi Hendrix）以打破成規的方式演繹這首神聖的曲目，肯定惹惱了一些人。將吉他弦彎曲到幾乎折斷的程度，他演出的張力和戲劇性，代表了被剝奪權利的新世代美國人的聲音。五十多年後，這種粗莽且大多是即興表演的演出，仍經常視為創意傑作。我也是吉他手，吉米．罕卓克斯是我個人景仰的英雄人物之一。他巧妙的將專業的樂器演奏跟完全與音樂無關的成分相結合。

他讓樂器唱歌、哭泣、尖叫，並以前所未有的方式嚎叫。彷彿他破爛的吉他電源線插入的是他的靈魂，釋放、放大他最原始的情緒。我對吉米．罕卓克斯的喜歡程度，讓我在我的朋友史考特和他的妻子香奈兒的兒子出生後，建議他們將寶寶取名為罕卓克斯（Hendrix）。他們應該也喜歡這位知名音樂家，因為他們兒子的出生證明的名字也是罕卓克斯。

我非常好奇創意大腦如何運作，希望可以將吉米．罕卓克斯放入臨床上可定位大腦各種功能區的功能性磁振造影機器中，然後在那個高溫炎熱的紐約貝塞爾（Bethel）艷陽天，見證神奇的發生。雖然沒辦法對已故十多年的吉米・罕卓克斯進行活體研究，不過他留下一些可證實新科學發現的線索。

原來，吉米・罕卓克斯是左右手各有正常分工，左手彈吉他，右手吃飯和寫作。這可能在他大膽、影響深廣的創作中，扮演某種重要的角色嗎？

長期以來的信念，人類右腦是找樂子的狂野部份，掌管所有抽象的、非線性的、具創意的內容，而人類左腦是掌管所有邏輯的，有條理的，注重細節的，刻板的，中規中矩的內容。然而，新證據揭示了不太一樣的訊息：事實上，創造力與大腦多個部分的整合有關，推翻創造力只起源於大腦某一個部分的概念。

托萊多大學（University of Toledo）的心理學家史蒂芬・克里斯特曼（Stephen Christman）研究左右手各有正常分工與人類大腦，並對吉米・罕卓克斯整合力良好的大腦，以及他非凡的創造力水平十分好奇。史蒂芬・克里斯特曼在《偏側性》雙月刊（Laterality）發表了多年來對這個問題的研究文章。克里斯特曼寫道，罕卓克斯的左右手各有正常分工型態「使他在彈吉他時得以整合左右手的動作，將他歌曲中的歌詞與旋律融為一體，甚至因此將較老派的藍調與節奏藍調傳統，整合混入六〇年代興起的民謠、搖滾和迷幻音樂。」

巴布・狄倫，則是另一位左右手各有正常分工的音樂家，展現出非凡的創造力，甚至在二〇一六年獲得夢寐以求的諾貝爾文學獎「因為創造了新的詩意表達方式。」巴布．狄倫和罕卓克斯精湛的創造力，支持了神經科學的近期發現——創造力是經由整合多個大腦區域而形成，而非經由單一恰好具有天賦的區域。巴布．狄倫和罕卓克斯的左右手各有正常分工，賦予他們創意優勢，但是事實上，我們不必雙手並用，也能發展出這種相互關聯的能力。

賓夕法尼亞州立大學研究創造力認知神經科學的教授羅傑．比提博士（Roger Beaty），二〇一八年領導一項研究，在臨床上可定位大腦各種功能區的功能性磁振造影機器中，由一百六十三名受試者參與創意任務。該研究結果一舉推翻典型的大腦左／右腦迷思，且進一步揭露三個獨特的大腦迴路在產生創造力時，彼此間的相互作用。

作者里奇．哈迪（Rich Hardy）為這項研究的總述寫道：「研究結果發現，三個獨特的大腦迴路是創意思維的關鍵。這些大腦迴路稱為「預設模式網路」（跟腦力激盪和做白日夢有關）、「執行管控網路」（在需要集中注意力時活化）、「警覺網絡」（檢測環境刺激，並在「執行管控網路」和「預設模式網路」之間進行切換）」。

里奇．哈迪最後總結道：「這些系統之間的同步，對創造力來說似乎很重要。更靈活思考，以及產生更多創意構想的人，其大腦同時與這些網絡交涉的能力更佳。」

對大腦的創意過程了解愈多，便愈明白我們擁有成為極具創造力的所需硬體。這不是說罕卓克斯的右腦迴路擁有與生俱來的獨特之處，也不是說巴布·狄倫的成功是基於某種獨特的顱內生物基因。事實上，證據指向大腦的易變性，可塑造、適應，達到產生更高水平的創意。我們不需要不同的大腦，而是需要發展出能讓大腦的三個核心要素，彼此之間協同合作的能力。透過「創新腦神經可塑性」的概念，可擴展我們的創意能力。

伊莉莎白·赫爾穆特·馬古利斯（Elizabeth Hellmuth Marguli）博士為普林斯頓大學音樂認知實驗室（Music Cognition Lab）主任。她不僅是大學教授，也是成就卓著的鋼琴家，在約翰霍普金斯大學音樂與舞蹈學院皮博迪音樂學院（Peabody Institute）取得鋼琴學士學位。伊莉莎白·赫爾穆特·馬古利斯抱持對音樂和神經科學的熱情，探索世界級音樂家如何成為具有超高水準技巧的過程。「許多研究顯示，音樂家的大腦網路跟沒受過音樂訓練的人不同，」馬古利斯說。「但這是遺傳預先設定的傾向，還是長時間練習樂器造成的影響所致？我們仍與過時的十九世紀「天才和創造力」觀念結為一體。」

伊莉莎白·赫爾穆特·馬古利斯依「對音樂人才去怪化可能極具影響力」的信念為主軸，進行研究。一群具專業水準的小提琴家和長笛家，在可定位大腦各種功能區的功能性磁振造影機器運作的過程中聽音樂，以此檢測他們的大腦活動。小提琴家和長笛家皆在過程中聽一系列的音樂，一些以小提琴為主、一些以長笛主，致力於探究大腦科學的科學家，則監看受試者在高解析度監示器上的大腦活動。

伊莉莎白．赫爾穆特．馬古利斯和她的研究團隊，仔細監控大腦掌管產生音樂的區域。如果這些才華橫溢的音樂家受試者，擁有與生俱來的特別版音樂大腦，那麼無論播放以哪一種樂器為主軸的音樂，他們的大腦區域皆會產生大腦活動，並在高解析度監示器上亮起。但如果大腦在練習音樂的過程中發生改變，小提琴家在聽到自己專長的樂器時，可能會表現出與聽見長笛音樂時不同的反應。

當長笛家聽見自己專長的樂器音樂時，其大腦區域就像一棵繞滿燈飾的聖誕樹亮了起來。但當聽見小提琴的音樂時，其大腦區域卻出奇安靜。反之亦是如此，小提琴家聽見自己專長的樂器與長笛音樂相較之下，也出現相同的反應。馬古利斯解釋道：「小提琴家的大腦活動在聽見小提琴音樂時，看起來就像長笛家聽見長笛音樂時一樣。對自己的專長樂器的豐富經驗，導致這個特殊大腦網路的產生。」

「這進一步支持了音樂家的養成是經由訓練，而非遺傳預先設定傾向的概念，」馬古利斯的結論為：「一般人覺得音樂家是外星人，認為他們的大腦連接方式與常人不同。但我們的研究結果顯示，這是取決於生活中的經歷。它是經由練習的成果，不是魔法。」有別於古典小提琴和長笛，爵士樂的藝術形態，在很大程度上屬於即興創作。我熱愛爵士樂，也演奏了爵士樂四十多年，我一直想知道，即興爵士樂音樂家的大腦如何運作。察爾斯・林博士（Dr. Charles Limb）是神經科學家、外科醫生、教授，以及音樂家，他也想知道即興爵士樂音樂家的大腦如何運作。於是，他決定一探究竟。

「即興藝術創造力，世人常看作最神秘的創造性行為形式，經常被當作神經生理基礎仍然存在的超意識，或超控制的心理改變狀態。」察爾斯・林說道，他著手執行「將音樂的即興發揮，視為即興創意行為，假設此即興創意行為的過程既不神秘也不晦澀難懂，而是一般正常精神狀態過程所產生的新組合。」

察爾斯・林花了將近兩年的時間，在華盛頓哥倫比亞特區國家衛生院（National Institutes of Health）做研究，在實驗室加入可定位大腦各種功能區的功能性磁振造影機器裝備，以便邀請即興演奏音樂家參與實驗。然後他招募專業爵士樂音樂家，在為期七十五分鐘的實驗期間，請他們演奏許多不同的樂曲，一些是固定需熟記的曲目，一些為即興創作。察爾斯・林的目標是什麼？他的目標是找出在原始創意表達的過程中，大腦內部究竟發生了什麼事。

如預期中的一樣，大腦的內側前額葉皮質於即興發揮時，在高解析度監示器上亮起。這是先前提到「預設模式網路」的大腦區域，掌管產生新構想、做白日夢和記憶。尤其令人著迷的是背外側前額葉皮質的惰化，大腦的自我審查區域。如果在工作面試時穿著兩隻不同顏色的襪子，會因為感到尷尬，而完全停止作用的那一個大腦部分區域。

「那是一種非常獨特的組合，」察爾斯．林表示：「通常一般人看不見大腦的這個部分，部分的活動上升，部分的活動下降。真正吸引人的是大腦該部分區城的惰化，大腦抑制劑的來源，大腦的審查機制——所有受到抑制的行為。大腦的那個部分關機，以鼓勵新構想的自然形成。這不是在分析或判斷會產生什麼樣的結果，而是讓它自然形成。」

換句話說，身為爵士音樂家，已訓練我們的大腦以非常特定的方式運作，透過啟動大腦原始思考區域的同時，關閉大腦的抑制區域。

這並不表示爵士樂音樂家生來就比其他人更具創造力，爵士樂音樂家只是開發了關閉大腦過濾器的能力。（順道一提，我非常確定，妻子蒂亞希望我能更頻繁重新打開我的大腦過濾器。）

正是多年的練習，使得爵士樂音樂家得以演出令人屏息的即興演出。爵士樂音樂家的大腦，是一次以十五分鐘的練習發展而成，並非什麼神蹟般的行為。

比想像中更具創意

神經科學家艾倫．斯耐德（Allan Snyder）在研究創造力的研究中，得到大腦一部分呈關閉狀態的類似的結論。艾倫．斯耐德在澳洲雪梨大學執行的一項研究，他給予一百二十八名志願受試者一道必須運用創造力征服的難題。受試者僅使用四條以內的直線，一筆畫連接每行三個點，以三排併排成而的九個點。這是經典的創造力測驗，若想解開這道難題，便需跳出框架思考。（有趣的事實：這個測驗源自片語「跳脫框架思考」。）完成拼圖的唯一方法是從九點圖外框外畫一直線，然後再戲劇性的俯衝進圖像框架內。

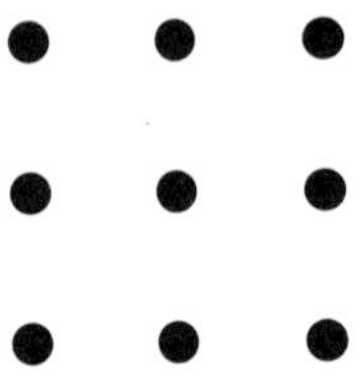

未解的難題

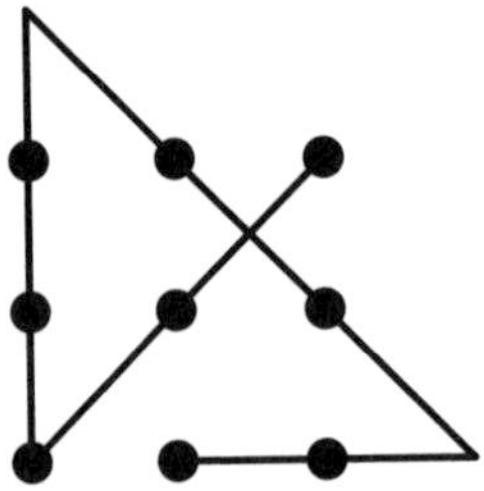

已解的難題

在第一次試驗中，一百二十八名受試者皆未通過試驗。於是艾倫．斯耐德使用跨顱直流電刺激（Transcranial direct current stimulation•，tDCS），以關閉爵士樂音樂家在實驗中自然關閉的相同大腦區域。

得到的結果？超過四成的受試者，在電流部分關閉使掌控自我調節、恐懼，以及衝動控制的大腦後，在幾分鐘的時間內，正確解決該道難題。悲哀的是，多數成年人並不感到具有創造力。我們把職位或專業訓練，跟創造力的程度等同起來，認為雕塑家具有創造力，而會計師不具創造力。也許是父母、老師或老闆，曾說某些人不是有創造力的人，這些評論仍在他們的耳中揮之不去。雖然艾倫．斯耐德的研究結果顯示神經科學證明了事實不然，只是大部分的人，依然做出我們天生就不是很有創造力的人的錯誤結論。

二〇二〇年一項以色列的研究顯示，反創意偏見有多麼根深蒂固。研究人員請六十一名以色列大學生參與一系列擴散性思考測驗，然後對自己的創造能力進行自我排名。受試者構想的獨創性由專家小組單獨評估，然後再與受試者的自我排名分數進行比較。研究發現「低估自己的構想的獨創性，並在數據上呈現顯著差異偏見。這強烈表現出我們傾於低估自己的創造力。」一系列的後續追蹤實驗，也得到同樣的結論：「受試者嚴重低估自己的構想的創造力。」

其實不覺得自己有創造力的自我評價，跟我們的大腦，或是我們擴展創造性技能的能力無關。科學明白的說明，每個人皆具有人類的強大創造力；我們只需要解鎖創造力、培養創造力、使用創造力，並享受創造力。

驚人的發現

一陣從未經歷過的劇痛。德瑞克·阿馬托（Derek Amato）為了想接住好友傳的足球，以跳水之姿躍進泳池，他的頭卻硬生生撞到泳池邊緣的水泥地上，發生出乎意料的意外。

事發於二〇〇六年，來自科羅拉多州三十九歲的銷售培訓師德瑞克·阿馬托負傷送醫。開車至急診室的路程似乎沒有終點，他的耳朵嗡嗡作響，他的頭很沉，伴隨著極度的痛楚。他的友人擔心會發生最壞的情況，因為當時德瑞克·阿馬托的意識飄忽，意識不清並感到困惑。慶幸的是，這可能致命的頭部重傷，結果並沒有發展成友人擔心的最壞結果。謝天謝地，德瑞克·阿馬托不用坐輪椅，只有重度腦震盪、輕微記憶力減退、頭痛，以及一耳三成五聽損。但是最顯著的改變，當時尚未察覺。

意外發生四天後，德瑞克·阿馬托拜訪其中一位在意外發生當下也在現場的好友，而這名友人恰巧是業餘音樂家。德瑞克·阿馬托走近友人的電子鋼琴，就彷彿他受到高崇力量的召喚。他開始演奏優美的音樂，豐沛的旋律，以及複雜的和聲結構，一口氣連續彈奏六個小時，沒有間斷休息。優揚的樂聲從他優雅彈奏的手中毫不費力的流動著，就如世界級鋼琴家經過一輩子長期練習後的演奏成果。

但是德瑞克．阿馬托的情況很不尋常——在泳池邊發生意外之前，他從未彈過鋼琴。他甚至從未上過音樂課程。

「我的手像著了火般一發不可收拾，」德瑞克．阿馬托說：「就好像自己彈了一輩子的鋼琴般純熟。」震驚漸漸消退後，德瑞克．阿馬托開始找答案。花了冗長沉悶的時間在網路上不斷搜尋相關研究的專家，最後找到威斯康辛大學醫學院的達羅爾德．特雷弗特博士（Dr. Darold Treffert）。

達羅爾德．特雷弗特博士，五十年的職業生涯致力於研究「學者」——在某個有限領域具超出常人表現的個人，例如數學、音樂、記憶或藝術。一九八八年的電影《雨人》，正是向達羅爾德．特雷弗特博士請教這方面的相關研究，達斯汀．霍夫曼（Dustin Hoffman）在片中飾演自閉症學者雷蒙．巴比特（Raymond Babbitt），他無法如一般人處理日常生活大小事，卻有精密的數學心算能力，大腦就像一部超級電腦。

達羅爾德．特雷弗特博士對德瑞克．阿馬托的診斷為何？他是「後天學者症侯群」。

雖然多數學者的天賦可回溯至出生即擁有該能力，但是因腦傷獲得過人天賦，實屬罕見。另一個案例是奧蘭多．塞瑞爾（Orlando Serrell），他十歲時從打棒球受傷中醒來後，獲得過目不忘的「影像記憶」和在腦中計算複雜數值的能力。還有一個案例是高中生被搶劫並殘忍毆打後，成為已知唯一能手繪稱作「碎形」（fractals）複雜幾何圖樣的人。

加州舊金山大學記憶與老化研究中心主任布魯斯．米勒博士（Dr. Bruce Miller），研究腦傷如何導致突然獲得過人天賦。除了後天學者症侯群之外，他還研究中風後開始畫出美麗圖畫的患者，以及「神奇的」開始雕刻的阿茲海默症患者。

布魯斯．米勒博士認為我們所有人身上皆具創意天才的天賦異稟，且可以解鎖。根據布魯斯．米勒博士的說法，這些天分「之所以出現，是因為腦部掌管邏輯、語言溝通，及理解力的區域，受到疾病嚴重破壞，解鎖了抑制這些人具備的潛在藝術能力。技能的出現，並非大腦獲得新能力的結果，而是因為與創造力相關的大腦區域，能夠以不受控制的方式首次運行。」

德瑞克．阿馬托的案例，證明大眾具有尚未開發的創造潛力，隱藏在大腦中等待釋放。把碧昂絲（Beyoncé）、喬治．盧卡斯（George Lucas），或是將 Snapchat 創始人伊萬．斯皮格（Evan Spiegel）視為先天型創意天才的想法，則過於簡化了成為創新傳奇人物背後所需的努力。雖然這三位名人可能在各自發光發熱的領域中，擁有某種特質，但他們的成就是經由多年付出與專注、不斷精益求精的結果。他們的勝利並非來自與生俱來的權利；而是大腦發展成支持他們在藝術領域中的努力。

德瑞克・阿馬托的創造潛力透過嚴重腦傷獲得釋放。但對其他人來說，可以在不受嚴重頭部重傷的情況下解開束縛，釋放休眠中的創造能力。一次一個微創新大突破，大的小突破，也能學習像凱倫・普羅森發明，或像林曼努爾・米蘭達作曲。

現在已解碼茅塞頓開的原理，也探索各種不同程度的創造性與創新，剖析構想，並吸收了神經科學的最新發現，現在是時候探索每個人皆具備、可以用來征服最困難挑戰，並充分發揮潛力的強大天賦。

第二章　偉大的均衡器

出身紐約的貧童長大成為毒梟，被最好的朋友背叛後，失去了一切。重罪刑期滿後，他白手起家，成為非常成功的健身業企業家。

來自費城的中產階級白種人，用他的猶太成人禮禮金，創立業餘說唱短片。他跟歌手史努比狗狗（Snoop Dogg）、雅瑞安娜．格蘭德（Ariana Grande），以及小賈斯汀（Justin Bieber）錄製短片，在 YouTube 擁有超過十五億瀏覽次數，而今在電視喜劇中演出自己的人生故事。

夢想成為籃球員的底特律年輕人，加入剛起步的十一人公司，而不是追求運動之路。十七年後，他擁有該公司百分百股權，旗下六千三百名員工，以及五十億美元的年營業額，這位前運動員成為億萬富翁。

鬥士、丑角、失敗者。他們獲得超級成功的成就，這三人被視為創造天才。但他們皆出身卑微，面對巨大的不利條件，必須克服看似無法克服的障礙。

這三人就跟你和我一樣——普通人——有能力克服挑戰並獲得大成就。這幾位圈外人如何闖入戒備森嚴的各產業，並贏得如此戲劇性成就？他們採取哪些創意步驟來平衡競爭環境？

我們會探討在紐約下東城長大的考斯．馬堤（Coss Marte）的例子。考斯．馬堤從小由母親獨力撫養長大，生活困頓，在十一歲輟學後便開始他的犯罪人生。

我們也會認識在郊區普通家庭長大，呆頭呆腦又怪裡怪氣的大衛．伯德（Dave Burd）。他在大學時期參加過一次無趣的音樂會，然後就似乎注定此生過著平淡無奇的生活。

我們還會看到馬特．伊什比亞（Mat Ishbia）的例子，來自底特律，只想打籃球的一般人。馬特．伊什比亞在二十歲出頭時，放棄追求運動之路，轉而到小型抵押貸款公司做一名文員。在平淡無奇的環境中工作，打電話給客戶和處理文書，一般很容易想像他在四十年後，依舊坐在同樣的狹窄辦公室。

考斯．馬堤、大衛．伯德，以及馬特．伊什比亞，都不是含著金湯匙長大的富家子弟，也不是天才兒童。從各方面來看，他們是很一般的平常人。他們沒有內部人士牽線，也沒有靠親戚關係。他們似乎都注定過著跟他們的父母一樣的生活，世代重複同樣的循環。但到最後，他們皆釋放想像力，建立深厚的創造技能，作為邁向大成就的助力。

透過他們大起大落的人生故事，會發現可以如何運用微創新大突破來平衡競爭環境，在生活中獲得優勢。我們將消滅一夜成名的神話，揭露「對立思維」如何驅動結果，並發現在經常被忽視的區域中，創造力可以產生巨大勝利。

為什麼失敗者能獲得勝利，該怎麼應用相同的創意方法，達成晉級的成果？讓我們一起一探究竟吧！

鬥士

考斯．馬堤被逮捕的現場有近百名執法人員，他被強行壓制在警車的引擎蓋上，雙手緊緊反銬在背後，接著上警車被拘留。此逮捕行動是為期一年調查後的壓軸戲，最後將毒梟本人緝補歸案。

從表面看來，考斯．馬堤似乎不像有同情心的人。也很難讓人對被定罪的大毒梟感到同情。然而，就像生活中的多數事情一樣，考斯．馬堤的故事比表面還更複雜許多。

在紐約下東城長大的考斯．馬堤（Coss Marte），從小由身為移民的母親獨力撫養長大，他一出生即處於危險之中，居於幫派出沒，充斥貧窮和暴力的貧民窟。「我從小即目睹任何孩子都不應該看到的事情，」考斯・馬堤在我跟他開始談話時，用痛苦卻平靜的聲音告訴我。他清爽的白色T恤緊貼著他結實的肌肉，我們坐在一起談論他經歷的人生起伏。

「我的母親從多米尼加移民至美國時，已懷有六個月身孕，她得留我的兩個姊姊在家鄉，這樣我才能成為我們家第一位在美國出生的美國公民。我和母親睡在阿姨家的沙發上好幾年……我們的生活真的很難熬。母親在工廠工作、四處打零工，在地鐵兜售美容產品。「她做了所有能做的一切，讓我們得以勉強生存。」在非常年幼的時候，考斯・馬堤便深刻感受到貧窮的痛楚，決定不惜一切代價過上更好的生活。

壞朋友的影響、學業跟不上，加上困頓的家庭環境，考斯・馬堤走上再熟悉不過的道路。九歲第一次吸毒。十一歲開始販毒。「我住的社區，真正賺錢的人都在販毒。這是我所知的唯一賺錢方法。」

考斯・馬堤開始在街角向癮君子兜售毒品——先是大麻，然後是古柯鹼。隨著社區開始中產階層化，新的客戶群也隨之而生。考斯・馬堤看到酗酒律師和吸毒企業高階主管的潛在市場，他採取創意方法，建立起他的販毒業務。他換掉寬鬆的牛仔褲，改穿西裝打領帶，把他在街角販毒的形象轉換成新模式：高階配送服務。我就像是優食（Uber Eats）出現之前的優食。」考斯・馬堤笑著說：「那是一段無敵瘋狂的時光。那時的手機只能存一千五百到兩千五百個聯絡人，所以我得買更多部手機。有一段時間，我同時有七部手機，因為我的客戶資料庫是如此之大。」

生意擴大，現金也開始湧入。然後從販毒獨行俠，發展成二十四小時的毒品配送調度服務，有二十幾輛毒品送貨車在路上送貨。「我不認為會被抓，因為我服務的客戶不是那些街上的毒蟲。」

「我把最高層的毒品配送調度服務工作，交給跟我在同社區長大的好友負責。我給他優沃的薪水。我在紐約上西城買一間公寓給他。我買給他一輛車。他的生活很闊綽……他要做的事，只是坐在他的豪華公寓裡接電話。但後來他變得貪婪，開通他自己個人接單的熱線。」考斯．馬堤一臉憎恨的告訴我：「一位有我個人電話號碼的老客戶說：嘿，我收到的貨不一樣耶。是什麼狀況啊？他還問我，你換新門號嗎？有人給我新名片，上面的電話號碼不一樣。我聽得一頭霧水。我說，啊？我不知道你在講什麼？於是跟他要那個電話號碼，然後打電話過去……果不其然，接聽電話的是我手下的毒品調度員。」

考斯．馬堤的好友背叛了他，帶走七萬美元現金，以及市價比這金額多上好幾倍的毒品，從此人間蒸發。他認為自己被剝了一層皮，基於生意考量，考斯．馬堤接管了背叛他的好友的毒品熱線。「我持續運作這個熱線，怎麼也想不到我的好友把名片給了聯邦調查局探員，讓他的毒品熱線受到監控竊聽。」

遭警方逮捕時，考斯・馬堤的年收入超過兩百萬美元，年僅二十三歲。

我問考斯・馬堤在他遭到逮捕的那一刻，他腦中在想什麼。「我當下首先想到的是我的兒子。」他用悲傷的聲音告訴我：「當時兒子只有一歲半，這種事情不應該發生在他身上。我感到糟糕透頂——我的兒子不會在他的父親的陪伴下長大。我將面對的是很長的刑期。」

當法官在擠滿人的法庭上大聲宣讀判決時，汗水浸透了考斯・馬堤身穿的白色連身衣，他被判處七年有期徒期。

等考斯・馬堤回到牢房時，健康出現警訊。根據他當時的體重和高膽固醇，監獄醫生告訴考斯・馬堤，不出五年的時間，他很可能會心臟病發作。考斯・馬堤照了照鏡子，決定那時鏡中的體態，將是他最後一次看到的自己。心裡掛念著年幼的兒子，考斯・馬堤對自己發誓絕不死在監獄裡，並決定洗心革面走上不同的路。

他開始每天運動二至三小時，在衣服裡穿上一層垃圾袋，增加出汗量，在監獄的院子裡跑步。不鍛鍊的時間，他會在監獄圖書館裡閱讀運動和營養的書籍。他開始迷上健身，這也成為他在身體、情感和精神上的救贖。

堅強的意志經過反覆運動，考斯・馬堤在接下來六個月，體重減輕近三十二公斤。

其他受刑人看見考斯・馬堤的轉變，開始向他尋求鍛鍊的建議。過不了多久，考斯・馬堤的獄中生涯有了目的：幫助獄中其他受刑人，在健身鍛鍊的同時，建立自我控制和紀律。每幫助一名受刑人，他的鍛鍊系統也跟著精進，對此的決心也更加堅固。

最終，考斯・馬堤償還對社會的虧欠，獲得釋放。服滿刑期出獄的考斯・馬堤想追求合法的未來、有目的的生活。「我百分之百投入於不再讓我的家人經歷那種痛苦。不再讓兒子看見我戴上鐐銬，並在獄中的會客室哭泣，這是我生命中絕對不想再經歷的揪心景象。」

雖然這聽起來很不錯，但是考斯・馬堤發現，有重罪前科幾乎不可能找到工作。他好幾個月的時間睡在母親家的沙發，所找的每一份工作都被拒絕。他申請很多卑微的工作，也從來沒有收到回覆。浪費了那麼多時間，也沒有願意聘請他的工作，考斯・馬堤回想起在獄中的時光，以及從幫助他人鍛鍊體態獲得的快樂。他心想，也許可以創立自己的健身房。

考斯・馬堤破產。沒有受過正規教育，也沒有從事健身行業的相關經驗。但這會比掌管複雜的販毒組職，或適應入監服刑的生活還要更困難嗎？恰如其分，考斯・馬堤決定創立自己的健身工作室。

開健身房是個華麗的夢想，房東怎麼會願意將房產出租給前毒梟？被拒絕數十次後，考斯・馬堤終於找到了願意給他機會的房東。諷刺的是，該建物就在曼哈頓下城，坐落於他一開始販毒的同一處街角。

考斯．馬堤有了健身房的場地，但要如何跟終身健身俱樂部、頂級連鎖健身房品牌Equinox，及洛杉磯健身中心競爭。在另一個創造性時刻，考斯有個構想。與其開設全球第六百三十七家看起來大同小異的健身房，不如創立全球第一家獨樹一格的健身房。他的構想：以監獄為主題的健身工作室。

歡迎來到「囚徒健身房」（CONBODY）。標語是：「乖乖服刑」。

兩百七十億美元的健身產業，幾乎和考斯．馬堤的監獄生活一樣殘酷，必須運用大量的創造性，才能在競爭的健身產業中脫穎而出。當走進「囚徒健身房」，水泥塊內部裝潢，帶有獨特的惡魔島聯邦監獄氛圍。接著通過一扇和監獄鐵柵門一樣沉甸甸的大門，進入「操場」訓練室。鐵絲網牆，沒有花俏的健身設備，練習考斯．馬堤在服刑期間開發的相同鍛鍊，便能獲得絕妙的鍛鍊。「操場」旁邊設計了拍攝罪犯檔案臉部照片的牆，非常適合在社群媒體發布監獄鍛鍊照片。正如一般能想到的，「囚徒健身房」的會員不是會員，而是稱為「囚犯」。

「囚徒健身房」的一切皆為非傳統，就連員工組織也是如此。考斯．馬堤沒有從健身產業找人才，他的每一名員工——從櫃台迎賓員到私人教練——都曾坐過牢。「我的任務是雇用更生人，給他們第二次機會。」考斯．馬堤熱情開懷地說。

通常在創造力表現不多的健身業產業，「囚徒健身房」脫穎而出。有趣、有創意、獨特、真實、吸引目光，跟一般健身房非常不同。過不了多久，考斯．馬堤推出一系列健身短片和周邊商品系列，並在薩克斯第五大道（Saks Fifth Avenue）連鎖百貨公司旗艦店設櫃。如今，「囚徒健身房」在紐約服務兩萬五千名付費「囚犯」，並提供美國以外二十二個國家的客戶線上課程。

對考斯．馬堤來說，「囚徒健身房」不單只為了賺錢，還關於救贖，這造成影響。「有一次在健身房鍛鍊課程結束後，」他回憶著對我說：「有位每週來健身房三至四次的女孩開始哭泣，因為這是她搬到洛杉磯前，最後一次來我的健身房鍛鍊。她說『囚徒健身房』算是她的家，改變了她的生活，在這裡跟我們鍛鍊，她減輕約四十五公斤的體重。」她的故事讓我紅眼眶。意識到改變只需一秒鐘的時間，但大多數時候，大家只是低著頭，一直跑啊……跑啊……跑啊。不會停下來注意，直到那樣的時刻來臨，才會真正意識到──就像，哇，這真的造成了影響。」

考斯．馬堤運用他的創造力和勤奮，建立並發展處於競爭最激烈產業的健身公司。他以自己的創意方式殺出血路，不願被財力雄厚且市占率高的競爭對手嚇倒。「這些健身房打著空洞的一夕見效承諾……是最大的騙局。他們的公司名稱應該要叫「詐欺犯」！他笑著說。

我與考斯・馬堤交談的過程中，有幾件事讓我印象深刻。雖然很多考斯・馬堤的同儕最終死亡、被監禁或脫離不了貧困循環的命運，但他卻能將學到的街頭智慧，重新構建成積極的態度，改變了自己的生活。這是由每個步驟產生的一系列想像力構想——非單一突發奇想的瞬間——導致的成功結果。考斯・馬堤證明了幫派和槍支，都不是堅毅創造精神的對手。

為什麼只有進攻才有效

除了創新是精英人士專屬的錯誤觀念之外，其中還有最常見的誤解：認為創新只適用於進攻。

畢竟，最著名的創新是大膽、顛覆傳統行業的突破性新產品。也就是說，一般認為創新主要是驅動成長的機制。如果發明了下一個能做出完美水煮蛋的設備，然後在電視聯播網上賣出一千一百萬個的銷售量，一般會認為這是創新成功之舉。然而，創新的奇蹟遠不止於產品開發。

讓我們把創新分為兩個陣營：進攻和防守。以進攻為中心的創新，是多數人對創新議題的看法。在這裡，我們用創新思維擒住新機會，以助成長。這些創新採取營銷活動、新產品突破，新商業模式，進而發展出成長策略。就像以進攻為中心的足球隊一樣，得分是主要目的。就像大部分足球隊，進攻通常讓關鍵的防守部署黯然失色。

考斯．馬堤在創立「囚徒健身房」時，部署了幾項以進攻為首的創新。以監獄風格為主題的健身房、開發線上課程、與薩克斯第五大道連鎖百貨公司合作，以及他開創的具體鍛鍊程序，都是將創造性思維付諸實際行動的例子。但要是沒有強大防守力，便永遠不可能讓他的公司成長。

以防守為中心的創新可能不會獲得所有榮耀，卻是武器庫中的強大武器。在這裡，我們使用相同的想像力的核心要件來反擊逆境，增強效率、克服挑戰、精簡操作，提升安全性、解決煩人的問題，並抵禦競爭對手。防守創新通常不是那麼吸引人，但這個常受忽視的領域，反而是結果大成功和慘敗的幕後推手。

在防守前線，考斯．馬堤運用創造性解決問題，最終贏得房東的信任。他透過新的人才庫（更生人），解決公司短缺的勞動力。

我在新冠肺炎大流行期間跟考斯．馬堤聊過，他將所有課程轉換成數位化，保持客戶滿意，並維持豐厚收入。事實上，他最初的構想是在聽到監獄醫生對他的嚴峻診斷後生根，進而採取的防禦措施。

我花了很多年的時間才意識到，創造性思維（以進攻為中心的創新）和創造性解決問題（以防守為中心的創新），是一體兩面。解放的概念——可以運用我們的想像力來驅動成長並克服挑戰。這正是費城郊區一名呆頭呆腦又怪裡怪氣的孩子所做的事，以跌破眾人眼鏡之姿，成為饒舌傳奇人物。

丑角

要打進音樂產業可說是難上加難——保證名利雙收，大家搶破頭爭奪該領域的最高地位。美國真人實境秀《好聲音》、《美國偶像》這類的節目，讓我們看到這個產業令人嚮往——同時競爭是多麼殘酷。

要成功進入任何類型的音樂產業，都非常不容易，要在饒舌樂產業中獲得突破，尤其艱難。從貧窮和壓迫的人生奮鬥經歷，散發富有表現力的藝術形式，使得過去生活陷入困境的人，搖身一變成為超級巨星。饒舌樂歌手史努比狗狗、Jay-Z 和德瑞博士（Dr. Dre）在現代的音樂藝術地位，相當於莫札特、巴哈、貝多芬那個被剝奪年代的地位。

饒舌樂傳奇人物往往遵循某種模式：很會跳舞的非裔美國年輕男女，愛炫富、誇耀自己有享不完的性生活、充滿自信。他們經常因為生活在失敗的制度，及普遍的種族主義壓迫下，以原始的憤怒、毫無歉意的形式來表達自己。對於那些想在平淡中度過一天的人來說，他們代表的是無法想像的成功。

這正是為什麼大衛．伯德（David Burd）大概是最不可能成為知名饒舌歌手的人選。大衛．伯德是來自費城郊區中上階層猶太家庭的瘦高孩子。捲髮蓬亂，臉上不整齊的鬍鬚，他看起來更像是學哲學的人，而不是饒舌歌手。他沒有被送去少年輔育院，而是去參加夏令營。他不會跳舞，沒有身體藝術，也缺乏風格。他沒有表現出堅定的自信，反倒像年輕伍迪．艾倫的不安全、神經質。大多數重量級饒舌歌手都是在街頭獲得說唱技能，然而大衛．伯德以接近全班第一名的成績畢業於里奇蒙大學（University of Richmond）。

大衛．伯德完成學業後，搬到舊金山，在 Goodby Silverstein & Partners 廣告公司做瑣碎的行政工作。為了打破舊規向管理階層提交令人厭煩的單調乏味客戶報告，他以自製饒舌短片做報告。同事因他的搞怪行徑笑到流淚，而這正是他最珍惜的感覺。大衛．伯德絕對喜歡逗人笑。身為饒舌樂愛好者，大衛．伯德以其錯綜複雜的語言和節奏，發展出夢想，幽默正是他與眾不同之處。幽默結合卡通，讓《辛普森家庭》聲名大噪，所以大衛．伯德想知道如果將饒舌樂和幽默結合，會產生什麼樣的結果。

跟考斯・馬堤相較之下，大衛・伯德擁有所有優勢：良好的教育，慈愛的父母，沒有童年創傷。但是依大衛・伯德的背景，想成為專業饒舌歌手，就跟考斯・馬堤試圖獲得羅德獎學金到牛津大學當學者一樣。白種人的特權在饒舌界是種負擔，這是大衛・伯德有生以來第一次成為受壓迫的失敗者。

「一直以來，我夢想成為藝人，」大衛・伯德在二〇一五年接受《衛報》採訪中表示：「感覺像擁有正向的夢想，因為成為專業的饒舌歌手，感覺就像在NBA打球一樣不切實際。可是進行說唱活動就像是一種體育……從事的次數愈多，就愈精進。」

缺乏傳統饒舌歌手具備的所有屬性，大衛・伯德不得不以創新的方式，讓自己打進這個狹小的圈子。他花了幾年的時間實驗，修修補補自己未來成為獨樹一格饒舌歌手的各種元素。《王牌大賤諜》（Austin Powers）系列電影，是虛構的人物角色，以其裝備不良的諷刺意味，呼應《〇〇七詹姆斯龐德》的版本。大衛・伯德以自己的弱點出發，仔細檢視饒舌樂擂台的各個面向，他決定將每個元素顛倒過來，讓自己的饒舌呈現與眾不同的樣貌。

大男人主義是饒舌歌手的基石，字裡行間總在吹噓自己的性能力和過人的體能。這也正是大衛・伯德以小屌哥（Lil Dicky）的藝名與他愛吹噓的競爭對手相陪襯。在其他饒舌歌手最在意的主題中，大衛．伯德不但沒有誇大自己性器官的大小，反而在饒舌樂中搞笑說自己的性器官超級無敵小。

縱使大衛．伯德有體面的工作，來自完好的家庭，但他並沒有多餘的資源。沒有信託基金，也沒有非常富有的親戚資助他對饒舌樂產業的愛好。過度保護大衛．伯德的父母對此感到氣憤，因為他把存下來的成人禮禮金拿來創立第一支音樂錄影帶。這是他的一生積蓄，而且失敗在望。

他的歌名為〈前男友〉，打破所有饒舌樂的不成文規定。大衛．伯德在歌詞中講述美麗的新女友的故事，他非常興奮要在當晚首度過夜。隨著夜幕降臨，卻遇見女友的前男友，這加深了大衛．伯德的自卑感。

對大衛．伯德來說，女友的前任男友是他見過最英俊的男人。飄逸的頭髮、輪廓分明的身體線條、完美的臉龐，讓他想起希臘神話中的神祇。

大伙坐下來喝了一杯，大衛．伯德的不足感仍繼續蔓延。女友的前男友華麗、有魅力、富有，而自己則很一般、緊張、還破產。過了一會兒，他們在男廁小便池解放，大衛．伯德偷看了女友前男友的私處。令他恐懼的是，他被眼前的景象嚇壞。

歌詞的其他部分，歇斯底里描述女友前男友的過人之處，與自己不足之間的對比，令他的焦慮持續增長。這首歌是自吹自擂饒舌樂歌詞的對立面，大衛．伯德把自己描繪成不及格的人，也正是這首歌造成轟動的原因。一天之內，超過一百萬點閱率，並分享短片。小屌哥命中紅心，正式出道。

一夜成名。正如從凱倫．普羅森創立純粹口香糖看到的那樣，看似一夜成名的結果，並非一夜之間造成的結果。事實上，大衛．伯德花了將近兩年的時間創作〈前男友〉。投注數千小時、超過兩百個版本，才把他的創造力精煉成聽起來像是即興發言的饒舌歌曲。歷經數千計的微創新大突破之後，作品終於自然流暢，準備好發行。

「我是為達到目的而不遺餘力的人，」大衛．伯德解釋道：「即使有完美的詞句，也會還是看看其他的，就只是為了確保沒有還有稍微好一點的選項。我真的是用盡每個選項，明白沒有比這一項藝術創作更好的可能性，內心才得以平靜。非常挑剔、過度神經質、令人筋疲力盡。但是對我來說，這樣的過程產生我內心最終的平靜。如果這麼做，能夠獲得平靜的感覺，那就可以接受結果。」

隨著每首新歌發行，大衛．伯德持續挑戰創意界線。不仿照前人在饒舌樂的模式，大衛．伯德開創全新的風格。他的音樂影片名為〈專業饒舌歌手〉（Professional Rapper），請來饒舌樂傳奇人物史努比狗狗，為想成為饒舌歌手的小屌哥面試。兩人之間搞笑的一來一往，呈現了絕妙的創意策略。

史努比狗狗建議小屌哥不要再表現得像個討厭鬼、沒安全感的懦夫，而扮演饒舌歌手具備男子氣概的原型角色。小屌哥恭敬地表達不同意，認為自己極不尋常的方法，將吸引到傳統饒舌歌手錯過的觀眾，全新的目標群。

〈專業饒舌歌手〉目前在YouTube的瀏覽量已達近兩億次。

大部分饒舌歌手經常炫富，愛將百元美鈔拋向空中，在擠滿人的夜總會演出「下鈔票雨」的戲碼。但是大衛．伯德偏偏反其道而行，創作〈省下那些錢〉（$ave Dat Money），歌詞圍繞在他的廉價性格，描述他如何尋找仿製藥、偷用表弟格雷克（Greg）的網飛（Netflix）帳號、仔細再三檢查餐廳帳單，以確保自己沒有被多收取費用。嘲諷饒舌歌手的生活方式，把焦點放在自己的節儉性格。他的床單質地粗糙，他的健身房會員只限免費試用期，他的衣服是別人不穿而給他的舊衣。

「我不只是為了嘲諷才創作這首歌，」大衛．伯德解釋道：「我真的為自己省錢的方式感到自豪。簡而言之，這首歌訴說所有饒舌歌曲都在吹噓如何花錢，所以具有諷刺意味的轉折，我認為把歌詞倒過來告訴大家怎麼省錢，一定很酷。」

不像其他饒舌歌手，投下數百萬資金製作花俏的音樂影片，大衛．伯德這首歌的影片拍攝製作完全免費。影片開頭便是大衛·伯德在比佛利山四處跟人請託，希望能讓他免費在他們的豪宅中拍攝。

他說服一位車商出借藍寶堅尼供他拍攝，代價是在影片的結尾，以贊助商之名列出。拍攝時，他的場地、設備、模型和道具，已超越另一部同時期拍攝的高預算饒舌樂影片。〈省下那些錢〉的副歌，不斷提醒大家，大衛·伯德是多麼與眾不同，且創意十足的饒舌歌手。

老方法與新方法

大衛·伯德成功的根本根基，正是他對與眾不同的不懈追求。有個好方法可構架大衛·伯德的思維，以下是簡單的填空題模組：

其他人都用______（舊方式）______，所以創意變化可以用______（新方式）______。

其他饒舌歌手都在炫富，大衛·伯德便吹捧自己有多廉價。其他饒舌歌手都展示體態的優點，大衛·伯德便展示自己體態的缺點。典型的饒舌歌手將自己放在宇宙中心，大衛·伯德便創作了保護地球的歌曲。簡單的公式，重複反其道而行，都是將大衛·伯德推向音樂產業頂級人物的原因，儘管他在饒舌樂界有一大堆不利條件。然而，願意不懈挑戰創意界線，突破並打破既定規範的企圖心，促成他的成功。

這簡單的公式在我過去三十年的職業生涯中，有舉足輕重的作用。我的專業背景就封裝在這不起眼的填空題模組中：

- **其他人學搖滾吉他，我學爵士樂。**
- **其他人有學位和專業經驗，我沒有任何商業課程基礎，在二十歲即創辦一家公司。**
- **在互聯網熱潮開始時，其他人專注於網路廣告，我開創推廣互聯網營銷公司。**
- **其他人在矽谷、紐約或波士頓創業投資，我在家鄉底特律創業投資。**
- **其他人專注於大創新，我專注於各種小創新。**

回首過往，正因我接受這種對立的時刻，導致了後來的成功，而那些選擇一窩蜂的跟風時刻，導致我最大的挫敗。相信我，我也經歷慘痛的失敗。

我在二〇〇六年時跟著一窩蜂，替小型企業推出自助服務方案，結果慘敗。二〇一五年，我創辦一家新公司，就像替商人舉辦的科切拉谷音樂藝術節（Coachella），完全是個大災難。這些失敗，就因我打安全牌，複製其他人的方式，導致我最大、最痛的損失，而事業定義的勝利，卻可透過簡單但挑釁的公式實現。

每個人都可以採用相同的方法。試著把填空公式運用在企業業務中。舉例來說，如果是辦公家具製造商，那麼可以在產品設計上採取哪些截然不同的方法？定價模型？刺激銷售的方法？市場效能？製程？招聘流程？雇用慣例？領導體制？不需要在企業業務的每個領域都做出完全相反的嘗試才能獲得勝利，但在各方面探索與現行對立的方法，可能有助激發一、兩個可行的構想。

如果想跟其他人競爭更高職位的職缺，要採取什麼樣的方法才能脫穎而出？同樣的公式也適用於私人生活。當小孩為想要東西時，會引用「其他的小孩都有……」來做為他們的立足點，身為父母的我們會馬上終止這類的討論。但是成年人的我們，為什麼要讓自己落入小孩傾向追隨、一窩蜂的跟風？

失敗者

馬特．伊什比亞（Mat Ishbia）的能力從小便被低估。多數人認為他絕屬平庸，進入像密西根州立大學斯巴達人男子籃球隊，根本是遙不可及的夢想。像密西根州立大學這樣的頂級學校，會從全球招募挑選出具有最佳運動天賦的球員。馬特．伊什比亞沒獲得招募，沒獲得獎學金，他得乞求學校讓他擠進備用甄試名額。

儘管馬特．伊什比亞缺乏多數精英運動員的身體特徵，不過傳奇籃球教練湯姆．伊素（Tom Izzo）在他的身上看見特殊的特質。縱使馬特．伊什比亞比球隊中的球員平均矮了六吋，但他表現出極為罕見的韌性和決心。違背所有的邏輯，湯姆．伊素給了這孩子機會，這個決定最終影響了世界，遠大於球隊的大學排名。

在教練湯姆．伊素的帶領下，馬特．伊什比亞連續參戰三場全美大學籃球最終四強賽，結果為球隊贏得全國大學籃球賽冠軍。教練湯姆．伊素指導這名不太可能替球隊贏得勝利的英雄，成為球場上令人敬畏的對手、有創造力的領導者。他們建立出如此深厚的交情，以至於馬特．伊什比亞在大學畢業後，多待一年的時間，留在湯姆．伊素身邊擔任助理教練。

與教練合作持續獲得成功後，馬特．伊什比亞獲得他夢寐以求的工作，成為D1級大學籃球全職教練。他本可成為全美大學體育協會第一級男籃錦標賽（NCAA）史上最年輕的D1級籃球教練，基於馬特．伊什比亞的背景，這會是了不起的壯舉。這是個難能可貴的機會，但他在大學期間也發展出對商業的熱愛。教練鼓勵他：「你也許能運用在籃球所學得的事，將之變成比擔任籃球總教練還要更宏大的事物。」在這個關鍵時刻，馬特．伊什比亞選擇走上更艱難、且不那麼迷人的道路，他放棄籃球教練的職位，轉而到小型抵押貸款公司從事文書工作。

回到二〇〇三年，馬特．伊什比亞開始在聯合海岸抵押貸款公司（United Shore Mortgage）工作時，看起來跟成千上萬的同業一樣。作為第十二名新進員工，馬特．伊什比亞從頭開始學習，從致電潛在客戶到處理貸款。坐在冰冷的金屬辦公桌前，他曾思索自己是否做錯決定，選擇商業遠過體育。

在新冠肺炎大流行期間，我和馬特．伊什比亞以視訊、而非面對面的訪談。當他出現在我的螢幕時，他的專業精神令我折服。眼前的馬特．伊什比亞坐在他井然有序的辦公室，完美的打扮、整齊的西裝打上領帶。反觀我自己，坐在破舊的屋裡，沒刮鬍子，身穿運動衫，而且還不確定當時有沒有穿著外褲。

雖然著裝可能是微不足道的事情，卻足以充分顯現馬特．伊什比亞的領袖特質。「透過與眾不同來主導，」在談話的開始，馬特．伊什比亞立即分享他的核心理念。就跟大衛．伯德一樣。在馬特．伊什比亞檢視競爭對手之後，他的第一反應是反其道而行。如果對手穿著隨便，那麼馬特．伊什比亞和他的團隊就會穿西裝打領帶。如果競爭對手追求顯而易見的策略，那麼馬特．伊什比亞會尋求採取截然不同的策略。

回到馬特．伊什比亞剛加入公司時，抵押貸款公司為購屋者提供的抵押貸款業務，就跟許多同業競爭對手一樣。事實上，該公司甚至沒有擠進美國同業的前五百名。馬特．伊什比亞渴望獲得更好的機會，於是說服老闆將公司所有業務轉成批發借款。換句話說，他們公司決定將業務轉向為小型獨立抵押貸款經紀公司提供貸款，而不是直接服務貸款個體客戶。然後，獨立抵押貸款經紀公司將貸款產品重新命名後，再直接出售給購屋者。

「我做跟其他人完全相反的事，」馬特．伊什比亞試著從他堅定的口吻中露出微笑：「我們逆向操作。沒有人看好，都說我們必定失敗。」

當馬特．伊什比亞繼續分享他的策略時，他和考斯．馬堤的多重相似，讓我感到非常震驚，儘管他們的地理、行業和客戶群不同。

兩人皆採用創造性的方法，在激烈的競爭市場環境中脫穎而出。兩人皆把想像力運用至決策戰略，那些日常生活中的小選擇，將事業一步步向前推進。

站在第一線目睹令人身心俱疲的抵押貸款承保過程，馬特．伊什比亞剔除該行業典型的七天核貸的時間框架，取而代之的是快速的二十四小時核貸制度。在其他微創新大突破，尤其這個策略，使得聯合海岸成為獨立抵押貸款經紀公司的首選。隨著此創舉持續性的成功，馬特．伊什比亞得以買下該公司，正式掌舵。

「有創造力即不必做跟其他人相同的事。自由思考便是一件大事。因此，我們就是這樣做，然後專注其中，並以不同的方式思考。」馬特．伊什比亞解釋道。

馬特．伊什比亞對創造性思維的高度專注，體現在他鼓舞人心的領導實踐，例如該公司內部推出稱作「絕妙構想」的計畫。雖然大多數的公司提供標準意見箱，然而對此，他則鼓勵團隊成員暢所欲言，並獎勵創造過程。馬特．伊什比亞繼續解釋道：「我不知道下一件大事是什麼，但是我的團隊成員知道。他們是接觸業務的第一線人員。因此，我們創立「絕妙構想」計畫，鼓勵每個成員分享任何想得到的新構想，無論構想規模的大小。」

團隊成員提交的每個想法，都會收到「絕妙創意燈泡獎」獎盃，展示在他們的辦公桌上。這些獎盃為視覺指標，是榮譽徽章，推動團隊成員分享更多想法，獲得更多認同。「實際上大家會在乎有多少個小燈泡展示在自己的辦公桌上。製作獎盃的成本並不高，伴隨著他們提出的『絕妙構想』，更能加深他們擁有該構想的所有權，證實絕妙的構想可以來自任何地方。構想的規模是大小不重要……我們鼓勵挑戰我們的工作方式，並將創造力注入每天的工作中。」

馬特．伊什比亞近期打算將「絕妙構想」計畫擴展至客戶、供應商，及合作夥伴。他積極徵求在此產業鏈中與公司相關所有人士的建議，並用衷心的燈泡獎獎盃獎勵他們。就像自己珍惜身為運動員時所獲得的每個獎項，將過去從體育運動獲得的成就感和興奮感受，作為在商業中激發構想過程的一部分。

為了替不斷擴展的業務招募頂尖人才，馬特．伊什比亞在八年前推出「企業創新團隊」。公司不只招聘填補特定職位的人才，更進一步招聘他們認為與該企業文化契合、但尚未定位合適職位的人。「企業創新團隊」是為期十二個月的學徒制系統，成員將在企業十四個不同業務部門輪流工作，以決定最具代表的長久合適職位。

這種截然不同的人才培養方法奏效。「其中一位『企業創新團隊』第一期或第二期加入的人才，現在是我的營運高級副總裁。他今年三十歲，有一千兩百名員工向他滙報。」馬特．伊什比亞向我說明：「一般傳統上，是根據技能來僱用人才。是但在我們的例子中，我們是根據性格來僱用人才，然後幫助他們找出最適合的職位。這又回到我們設計如何與眾不同的哲學。」

從產品供應和設施，到技術和人才，聯合海岸豐碩的成功結果，是透過數百個「微創新大突破」的成果。馬特．伊什比亞跟我分享如何駕馭每個月前來面試的五千名求職者。「我們安排他們坐在保全人員旁邊的坐位，然後讓保全問他們：『嘿，你好嗎？』然後仔細觀察求職者的反應。求職者會直接不理睬保全的問候、或微笑應對，開啟對話？然後保全會跟招募團隊分享求職者等待時的表現，所以馬上就知道該名求職者是否適合我們這個大家庭。」

馬特．伊什比亞視自己為善良、支持員工的領導者。但只要有人盲目追隨成功的先例時，他就會發脾氣：「我受不了聽到有人說：『哦，因為我們一直都是這麼做的。』那是史上最大的失敗者的說法。只因為有人一直都這麼做，就表示我們應該跟著這麼做嗎？我就是無法接受這種說法。我們必須變得更好。我們必須更精進。」

馬特．伊什比亞的創意方法，推動公司業績爆發式的成長。每年提供一千八百億美元的抵押貸款，公司年收入高達五十億美元。聯合海岸目前旗下有六千三百名員工，連續六年獲評為最大的批發抵押貸款公司。事實上，聯合海岸的總抵押貸款量，僅次於總部設立在底特律的加速抵押貸款公司（Quicken Loans）。想必讀者猜得到，馬特．伊什比亞不會將就於第二名的成果。

馬特．伊什比亞對於成為冠軍的慾望貪得無厭。「我希望我們公司成為全國排名第一的批發抵押貸款方，」馬特．伊什比亞告訴我：「我們已經是國內規模最大的批發抵押貸款機構。現在，就像是在說，好吧，我們已經做到國內規模最大。接下來就是打敗加速抵押貸款公司的總抵押貸款量。」

馬特·伊什比亞言談中沒有自誇或虛張聲勢，彷彿只在陳述科學證明的事實，他繼續說：「我們會打敗他們，不管是今年，還是明年，還是後年，我們會在各個方面都勝過他們。接下來便是摘下第一名的霸主頭銜，再一次，我很好勝，我們會做得到的。我不是傲慢自大。我們一定會這麼做。」在此我要聲明，我不會賭他輸。

馬特·伊什比亞鞏固兩項強大特質的交會點：創造力、毅力。正如大衛·伯德和考斯·馬堤的例子，職業道德比上帝賦予的才能更能推動進步。馬特·伊什比亞解釋：「我的問題是，我不是最聰明的人，你會很快就摸清我這個人。反觀我的競爭對手，各個都比我更聰明、財力更雄厚，但是他們沒有人可以勝我在工作上的付出和努力。」從教練湯姆·伊素教導他所培養出的嚴謹職業道德，在馬特·伊什比亞的日常生活中顯而易見：過去十七年來，每一天，馬特·伊什比亞穿西裝、打領帶，清晨四點抵達辦公室，下午六點四十五分離開辦公室回家。分毫不差。

「這正是我們從一開始構建公司的方式。每天的努力。多年來，沒人關注我們公司，但就在他們意識到我們的存在時，我們已經建立出他們所看到的目標成就。」

我的勝利……一次一個「微創新大突破」。

透過考斯·馬堤、大衛·伯德和馬特·伊什比亞的故事，可以清楚看到創造力是每個人尋求改變、成長和成功的偉大均衡器。雖然沒有營業額數十億美元的公司，或成為饒舌歌手的野心，但他們的故事，有助我們了解自己的創造技能，對實現個人的成功有多大的影響。

對一些人來說，實現個人的成功是在工作上獲得升遷和加薪；或成為更有效率的父母，並養育出獨立的孩子。也許諸位的目標是開設播客節目，將跟自己一樣熱愛微型模型帆船的人聯結在一起。或是想運用創造力，好讓自己在更短的時間內完成更多工作，然後終於趕得上參加下午五點十五分，最喜歡的瑜伽課。

在本書第三章，我們將探討創造力為何是現代商業時代的成功貨幣，以及要如何充分利用它。我們將從科學的角度，探討創造性思維的重要性，同時檢視那些可能讓導致我們失敗的陷阱和障礙。

我們將有第一手的資訊，了解兩名鬥志昂揚的英國企業家，如何在擾亂世界上最受尊敬的職業運動的同時，創建市值數十億美元的公司。

第三章 《青蛙過河》法則

英國查爾斯王子和戴安娜的世紀大婚、伊朗人質危機落幕、便利貼誕生，都是一九八一年發生的大事，但我印象最為深的還是：《青蛙過河》（Frogger）電玩遊戲。

十一歲生日的前一個月，這款指標性的遊戲誕生，而我，迷上了。我沉迷於《青蛙過河》的遊戲中，搞得經常沒寫功課、沒吃東西、沒正常洗澡，又放朋友鴿子。儘管這款遊戲的圖案設計，簡單到連年僅四歲的女兒塔利亞也畫得出來，不過當年這遊戲讓數百萬人就像我一樣，玩得欲罷不能。

當我手握雅達利（Atari）遊戲機的搖桿，操控著決心過河的英勇兩棲動物，這隻無能的小青蛙不會游泳，只能從一塊物體，跳到另一塊物體來確保其安全路徑，牠得從睡蓮葉跳到漂浮的原木，不時還有狡猾的短吻鱷游過。

有人可能還記得遊戲中的陷阱，那就是小青蛙需要避開可樂罐和跳跳糖，那屬於非靜止型態的物體表面。隨著不斷破關，這兩者會以愈來愈快的速度順流而下，為我神經兮兮的小青蛙朋友創造更危險的環境。小青蛙不得不從一地快速跳躍至下一個安全地點，否則便會在洶湧的河流中命喪黃泉。若佇立不動——哪怕只是片刻，也無異於自殺。

《青蛙過河》裡的小青蛙無法在超過一毫秒沒獲得成功；牠必須不斷向前跳躍，才能在惡劣的環境中存活。必須從迫在眉睫的危險中找出路——正是這款遊戲吸引人的原因。操控小青蛙在混亂中殺出一條血路，才能進入下一個關卡。因為深迷於《青蛙過河》，我六年級的學業成績慘不忍睹，但是，跟在茱里森老師的數學課中做直式除法相比，我從《青蛙過河》裡學到的要來得更多。

如果認真思考，其實我們每個人都在玩巨型的三維空間《青蛙過河》。

在現今這樣變化迅速和成功日益困難的時代，成功並非永恆，成功僅是暫時。成功時刻轉瞬即逝，就跟《青蛙過河》裡那隻好像《芝麻街》科米蛙般的無助小青蛙，成功降落在烏龜好友背上的時刻一樣短暫。我們無法停下來一再回味那個成功滋味，而是必須不斷地從一次的成功，跳躍至下一次的成功，再跳躍至下一次，否則就只能準備被激流捲走、淹沒。

靜止不動不只會害得小青蛙喪命。成功飛躍帶來的舒適感和滿足感，讓太多聰明人認為沒有「不停跳躍」的必要。（聽起來像鄉村歌曲的歌名，不是嗎？）

我們不需要淹沒於自滿當中。把生活中的微創新大突破，作為日常生活中的一部分，將不僅獲得救生衣，還會擁有作為獎勵的六百五十五匹馬力快艇的呼呼聲，外加配備鈦製衝浪架桿和十一個杯座架。

泥濘高爾夫練習場與微晶片的相遇

過去的高爾夫領頭企業可說是獨享美好時光。第一座十八洞高爾夫球場自一七六四年問世以來，經營高爾夫產業幾乎就像在公園裡散步一樣簡單。身著高爾夫球褲的球客，在果嶺上消磨一天的時光，比迎接他們首個孩子出生還要熱衷。果嶺上暢談男人經成了主流，還可以談成生意，甚至還有專門的電視頻道。高爾夫球賽很少有什麼變化，不過，隨著某些新的俱樂部出現，就有人可能把球從美國的密爾瓦基一桿揮到瑞士去！

就在高爾夫大佬安逸地啜著以美國高爾夫球傳奇人物亞諾·帕默（Arnold Palmer）為名的檸檬冰茶時，英國有兩位兄弟開始醞釀顛覆性的做法。他們沒花工夫讚嘆該項運動的榮景，而專注於最終導致整個產業改頭換面的努力，讓當時的高球產業人士，震驚到連他們穿到膝蓋那麼高的格狀高球襪都掉了下來。

一九九七年時，史蒂夫·喬立夫（Steve Jolliffe）和他的兄弟大衛醒悟到一件事：「如果不精通高爾夫的話，這項運動其實沒那麼好玩。」他們沒把這個想法擺在一邊，便轉頭點一輪不甜的馬丁尼搭藍紋起司橄欖，而是開始研究這項運動的各項痛點。首先，跟球技不一的人打球是很痛苦的體驗。打一場球不僅耗時，占據廣大面積的土地，進程緩慢，費用昂貴，還需要花很多年的練習。跟時下許多賽事相比，觀賞高球賽顯得無趣。

喬立夫兄弟不是唯一感到受挫的人。光是在美國，這項運動的玩家從二〇〇五年的三千萬人下滑了百分之二十二，現在僅有兩千三百四十萬人還打高爾夫。從二〇〇六年起，每年結束營業的高球場比開幕的還多。這項運動讓人感覺老派、與現代脫節，對於年輕人來說更是如此。

渴望看到新氣象的史蒂夫和大衛，開始為這項沉悶運動嘗試採取新做法。能不能創造一種體驗，讓任何程度的玩家都感到有趣？要如何加快打一場球的速度？降低球場費用？要如何吸引新玩家加入而不是嚇走他們？當產業大佬還在自滿地抽著肥短雪茄，嚼著過柴的牛排時，這對兄弟嗅到了新商機。

他們心知肚明，現實版的《青蛙過河》正火力全開，而那些肥貓大佬則不堪一擊。

當時，可追蹤足跡的微晶片才剛開始廣泛應用，這對正要嶄露頭角的企業家從中獲得靈感。能不能在小白球裡置入晶片來追蹤球的距離和準確度？使用內嵌式技術追蹤每顆球的速度、高度和軌跡，這成了偉大的構想。搭啦，大發現！任務完成，可以開香檳囉——音樂老師，下一首請播放皇后合唱團的名曲《我們是冠軍》（We Are the Champions）。

這項初始構想雖然強大，還不足以改變這項運動。如果只是用來幫助現有的高爾夫球手改善揮桿，那還不至於產生舉足輕重的影響。反之，兄弟倆想做的是利用微晶片打造新型態的高爾夫球局。

他們在倫敦的工人階級區沃特福（Watford）買下一塊練習場，為他們的商品思索和重塑。他們不只讓玩家漫無目的地揮桿，將小白球送上浩翰天空而已。他們在球場上裝設巨型的彩色靶子，讓來打高爾夫球的人得以對著靶子揮桿，挑戰全新的目標。「我們想要打造引人上癮的有趣球局，這樣一來，當有個孩子擊中放置比較前面的目標時，他們會比老經驗球手擊中後方目標時還來得興奮。」史蒂夫在二〇一八年接受訪問時這麼說。為了增進球滾動的流暢度並壓低成本，他們用人工草皮取代天然草皮。這座有點寒酸的練習場，搖身一變成為他們的創新實驗室，他們在這裡，嘗試追求氣象一新的高球體驗。

初期不是沒有艱難的日子，他們給高爾夫換上的新面貌讓外人難以理解。老球手對他們的概念嗤之以鼻，新手則看不懂。既沒有潛在的投資人，也找不到有望的贊助者願意回他們的電話。

兩人吃的閉門羹可說比百科全書推銷員還多，但他們還是努力撐過艱困的時光。在這裡微調、在那裡加新構想。應該供應餐食嗎？要不要播放音樂？一個接著一個的「微創新大突破」，這項事業的動能開始累積。

這座全新的高爾夫練習場，在第一年賺進的總收入，比過去還是塊泥濘不堪的場地時成長了八倍。從各種趣聞軼事中得到的意見都很正面，大家都玩得很開心，正是他們很少在多數練習場見到的事。從過去沒摸過球桿的小孩、到半職業性的週末球手，眾人的笑聲和揚起的嘴角，取代了過去常見的皺眉和不耐。

溼涼的倫敦微霧中，怪物級的企業就此誕生。原本的企業標語「有目標的擊球練習」（Target-Oriented-Practice），他們濃縮為「精級」（TOP），將公司取名為具有頂級意涵的「精擊高爾夫」（Topgolf）。但就算冠上了新潮的名字，初期也獲得了成功，產業的保守勢力仍搞不清楚他們掀起了什麼樣的浪潮。

這對兄弟還是常被拒於門外。知名的產業投資人理查・葛洛根（Richard Grogan）便拒絕了喬立夫兩次。「看起來很好玩，科技應用很有趣，人很多。但我很抱歉要這樣說，這個點子不可能行得通的。」葛洛根在一次參觀完精擊高爾夫球場後，這樣對他的事業夥伴說。不過，史蒂夫和大衛終於打動理查・葛洛根，說服他買下讓精擊高爾夫進軍美國的權利。

備受期待的美國分店在二〇〇五年開幕，稍嫌令人失望的，精擊高爾夫雖帶動了話題，但未如預期砸下震撼彈。葛洛根期盼的排隊人龍，並沒出現在華盛頓特區的分店外，本來希望芝加哥和達拉斯的分店業績能一鳴驚人，但客人好像不買帳。葛洛根投資其他事業都非常成功，唯獨這項事業瀕臨重大失敗。

經營團隊很清楚他們提供的高爾夫很好玩，但就是無法吸引客人注意。他們改採低科技策略，派人在前胸後背掛上夾板廣告牌在大街小巷遊走，宣傳去精擊高爾夫玩的樂趣。不可思議的是，這個毫無創意的策略竟然奏效了。開始有人造訪精擊高爾夫練習場，然後愛上這項運動。人龍了排起來，口碑也傳開了。讓整個勢頭動起來的，不是什麼大創新，僅僅只是一個小巧思而已。

接下來幾年，他們發動一連串「微創新大突破」，推動了非凡的業務成長。場地增設了大型廚房空間，每座廚房都配置行政主廚，提升非打球相關的收入，來玩樂的人也變多了。每座包廂內設有大型電視，還有舒適的沙發和數不盡的舒適享受。玩家可以把他們的球局跟手機應用程式連線，能立刻發布成績分享到社群網路，進一步增加玩家的愉悅體驗。精擊高爾夫還併購了線上多人遊戲「世界高球大賽」，將顧客緊密地跟品牌結合一起。他們採用的核心科技，繼續升級到能分析每一次揮桿，幫助玩家精益求精。

如今，精擊高爾夫看來勢不可擋。這家計畫要上市的公司目前市值四十億美元。他們在美國、加拿大、墨西哥、歐洲、澳洲等地有六十九個據點，還計劃要在未來五年開設一百家新店，而在這個領域，他們可說毫無競爭對手。這可以說是電動高爾夫球車發明以來，高爾夫球這個運動出現的最大變革。

他們不只是創造了怪物級企業（我要是早期投資人就好了），還繼續將這個最初概念遭人打槍的運動，提升到更高境界精擊高爾夫的顧客中，有五成四屬於十八至三十四歲的年齡段，這可是傳統高球快速流失的年輕族群。高球新手當中有二成三的人會說，他們第一次手拿球桿，就是在精擊高爾夫，甚至有高達七成五的人表示精擊高爾夫影響了他們從事這項運動的決定。

表面上，這家公司空前的成功，看起來是他們鐵定做了驚人的巨大創新。但事實上，卻是數十個「微創新大突破」，才讓他們成長為令人稱羨不已的企業怪獸。這並非只因他們用了微晶片、或美食、或音樂，也無關低科技的人力看板，豪華電視或沙發也不是最重要的。賽局速度提升、費用低廉、不同球技水平的人都可聚在一起打球，以及對年輕族群的吸引力，都是他們獲得成功的原因。不過要說的話，應該是他們所做的每一次小創新——非關任何單一構想——最後融合起來，才將公司推向巨大的成功。

一切都指向「創」開頭的字

或許諸位不是要創立新公司，也沒有想要顛覆整個產業。或許只是個小企業主，或在大公司裡擔任主管。或許重心是照顧孩子、把狗狗弄乾淨、拿垃圾出去丟等平常事，最大的心願，就是希望能撥出幾個小時的空檔狂追最喜歡的料理節目。或可能剛從大學畢業，還在摸索未來的道路，或已經出社會工作好幾年了，心裡盤算著是否該是時候轉換跑道。

我們大部分人都差不多，應該也常被師長教訓過不要太天馬行空，做白日夢會帶來的危險就好像抽駱駝牌淡煙或是吸食白膠一樣。在世間的想法裡，著意培養創造力，就等於釋放某種未受馴化的野性衝動，下場是得到少年觀護所的床位，因而，我們不斷地被教導要遵守規則，而不是聽從自己的心意。不過這些誤導性的建議就跟幫人安排相親結婚和教人用水蛭治療傳染病一樣，立意良好，但事實上根本不管用。

在過去，創造力對多數人來說並非必要。找個好工作，做個循規蹈矩的好公民，遇到麻煩別出頭，不要興風作浪，凡事聽上司的就好，三十五年後就可以買支十四K金的精工表退休了。很遺憾，被灌輸的這種落伍人生智慧，最好的結果不過是助己達到平庸，最差則是讓人無法發揮個人潛力。我們已經承擔不起聽從這類過時建議帶來的後果，這比靠塔羅牌說開車該朝哪個方向（翻到寶劍二就右轉，權杖六就左轉），並沒有好到哪裡去。

不同的時代，需要召喚不同的應對方法和不同的技能。老牌影集《脫線家族》（Brady Bunch）裡的葛雷格或許跟橄欖綠的長毛地毯相得益彰，但絕不會跟現今的電視名人寇特妮・卡達珊（Kourtney Kardashian）有一丁點速配。過去的年代裡，帶著鍵盤的機械式加數機、轉盤式電話、一次可以寫出好幾張紙的碳素複寫紙都曾發揮了重要功能，而如今，這些老式的科技結晶已無法在現今這個劇變的數位年代起到作用。

美國人力資源管理協會在二〇一九年做了「技能缺口」的調查研究，全球人力最缺乏的頭號技能是「創造力、創新和用批判性思考來解決問題的能力」。第二名則是「處理具複雜度和不明確狀態事物的能力」（這是拐個彎指創造力的高級說法）。

至於求職社群網站領英（LinkedIn）在二〇二〇年的研究中，發現最需要的技能是什麼？沒錯，各位猜到了，就是「創造力」。

職涯目標是躋身企業高層嗎？知名企業 IBM 針對六十個國家的一千五百名執行長所做的研究表明：創造力是身為領袖最重要的特質。

或許諸位只是想找份工作？美國大學院校協會在二〇一五年發表研究指出，「職位候選人是否能表現出批判性思考和解決複雜問題的能力，會比該候選人大學時主修什麼科系還重要」，提醒諸位，這項觀察是來自於那些提供大學主修科目的人士，這就好像麥當勞叔叔建議顧客吃全素一樣。

美國的佛瑞斯特研究機構（Forrester Research）在二〇一九年，針對人工智慧和自動化的研究報告指出，人類在未來與數位機器人競爭以保住工作的唯一希望是創造力，「只有創造性技能，才能持續給予人類超越機器人的優勢」。要小心囉，R2-D2（電影《星際大戰》裡的圓頂機器人）。

這裡有一點不合理，就像大人警告青春期前的孩子，不要肖想跟他們還在戴牙套時的同儕親熱，我們一直被教導要壓抑創造力本能。可是各種跡象表明，這條建言已經過時到天邊去了。如果想要順利求得好工作，必得發展充實的職涯，發揮全副潛力，甚至提昇個人生活，而打開創造力的潛能，已不再只是個非必要的選項了。

不妨用數字來說明，《廣告時代》（Ad Age）雜誌針對五千名專業人士的研究指出：「十人當中有八人，認為釋放創造力對經濟成長來說很重要，然而令人吃驚的，僅有二成五的人自認可發揮他們的創造潛能」。

知名的大型分析顧問公司麥肯錫，決定探索創意和創新對業務績效會帶來什麼樣的影響。數據科學家忙著跑一大堆數據，這些數理怪咖，衣服上用來插筆的胸前口袋護套都被磨破，他們還會瞇著眼從黑色膠框眼鏡往外看，而鏡框要用新的白色膠帶黏好，眼鏡才不會歪掉。而他們得到的結果，卻使得他們腦容量豐富的線性思考大腦承受不住，幾乎要爆炸。

創造力得分較高的企業，跟創造力較差的企業相比，前者為股東帶來水準以上總回報的可能性是後者的兩倍，得到水準以上業績成長的可能性是後者的二點三倍。這份報告總結指出：「有創造力的領袖，在重要財務指標上的表現較佳」，還有，「創造力最佳的公司，擁有更好的財務表現，創造力對於公司的財務盈虧很重要」。

我猜那些麥肯錫的傢伙，很快就會賣掉他們的量角器，改為購置畫筆了吧。

即便如此，多數企業仍未全面培養創造力。二〇一五年的麥肯錫研究指出：「有九成四的受訪經理人說，他們對公司的創新表現不滿意」。

我不知道大家覺得怎麼樣，但我開始感覺眼睛要花了。跟我一樣有數字障礙的人，重點如下：

- **創造力較佳的個人、團隊、企業，不管在任何方面都有較好的財務表現。**
- **大多數人、團隊、企業都沒有投資足夠的努力擴展這方面的能力，他們也覺得沒有充分的機制讓他們發展創造力。**

七百三十億美元的獎勵

誠然，這些報告和數據當然都相當引人注目。不過，講到翻來倒去地玩耍數字的元祖，還是首推富比士和麻省理工學院合作推出的「創新溢價」（innovation premium）。

富比士的分析大師和麻省理工學院的超級天才共同合作，檢視創新如何影響公司的股價。他們想找出模型，測試公司股價上升是否跟該公司被視為創新企業有關。傑夫．戴伊爾（Jeff Dyer）是原始模型的建構者之一，他說：「創新溢價屬於企業市值的一部分，但這部分的價值無法從公司現有市場中，現有商品的現金流淨值估算。換句話說，這是股市給公司的溢價，因為投資人期待該公司會推出新商品或服務，藉此進入新市場，帶來更高額的收入川流。」

為了得到精確數字，這個模型使用數量驚人的數據作為參數。瑞士信貸（Credit Suisse）提供的專屬演算法，包含四萬五千家公司的歷史現金流分析、和超過五十萬筆數據。該團隊會檢核最少六年的財務數據，然後根據公司規模、產業、地理位置校正，計入投資報酬率的未來兩年市場平均預估、現金流量預測、再投資比率等因素。還會根據市場波動、產業趨勢、供應鏈因素進行調整，噢，保險一點好了，我肯定他們連十二星座的星象都算進去了。

基本上，他們就是將每個會決定股價的合理因素都納入考慮，將之與實際價格比對，來衡量投資人眼中的公司創新力有多少是反映到了股價溢價上。以及投資人對公司的創造力付出了多少。

看看賽富時（Salesforce）網路服務公司，這家企業現在名列富比士年度最佳創新公司的第三位。本書執筆期間，該公司的市值已達一千六百一十億美元，但諸位知道嗎？根據所有合理數據，這家公司應該僅值八百八十億美元才對。（附帶一提，需要把八百八十億美元說成是「僅值」的情況真的很少見。）這表示投資人付出了百分之八十二點二七的創新溢價，因為他們認為賽富時還會繼續創新。簡單來說，賽富時的價值，比從它核心業務數據計算出來的，還要高出七百三十億美元。

富比士的年度排名，就是依據企業的創新溢價來排的，該年度的王者是雲端軟體公司「服務此刻」（ServiceNow），創新溢價高達百分之八十九點二二。這家公司市值八百七十億美元，但其實際業務績效是三百八十億美元，這表示有驚人的三百四十億美元是從投資人看他們有多會創新來的。

大家大概猜到電動汽車公司特斯拉公司也上榜了，特斯拉名列第四位，創新溢價是百分之七十八點二七。看吧，只是因為公司力行創新，股東便輕鬆享有高達六百五十億美元的股利。如果拿特斯拉和通用汽車相比，像我這樣來自傳統汽車大城底特律的老兄可就要暈啦。通用汽車是全美最大的汽車公司，市值三百三十億美元，等於特斯拉的二成二，但是後者的營收只有通用汽車的一成八。

等等，這怎麼回事？特斯拉和通用汽車都是賣車的，兩家公司都是汽車製造公司。通用汽車在二〇一九年的營收是一千三百七十二億美元，利潤是六十六億美元。同年度當中，特斯拉的銷售僅達二百四十六億美元，損失幾乎十億美元。如果拿合理數據來衡量，通用汽車的市值應該要較高才對。通用汽車的年營利是特斯拉的五倍多，是歷史悠久的知名汽車大廠，而且他們的業務其實是賺錢的。但特斯拉的溢價卻驚人地高，原因很簡單，就連某個沒開過車的人都會認同，特斯拉就是個比通用汽車還創新的公司。如果用另一種方式形容，那就是通用汽車要付出「創新稅」，因為無法說服投資人他們有能力創新，所以股價不被看好。

這個「創新溢價和創新稅」的概念，可以應用到所有公司，不只是那些公開交易的巨型企業。小型私人公司或許沒有股價可供參考，但員工自會用腳投票。能展現創新做法的公司，就能吸引、聘請到工作更有效率的人才，讓他們留下來，不需要將就於行事古板的員工。全面擁抱創造力並著意建立創新文化的私人企業，能夠獲得更快速的成長、滿意的顧客，當公司尋求出售時，也能獲得更好的價格。無論是經營理髮店、研磨廠，還是精品型網路安全顧問公司，只要能夠創新，公司價值就更高。

個人也是同樣的道理。能夠經常表現出創造性思考、拿出創意性方法解決問題的人，升遷速度比較快，也較能在職涯中爬到更高的位置。如果目標不是利潤導向，而是影響力導向（像教養孩子、在自己的團體中發揮影響力、致力改善環境），創新溢價的概念同樣站得住腳。無論在哪一個領域，致力或追求能做出的投資來提升個人創新溢價，都會帶來驚人的回報。

想想一般人可能會做的投資，如股票、房地產、投資小叔或小舅子新開的義大利餐廳。不管是哪一種投資，都會投入資源（時間、金錢、勞力），用來換取預期的回報（財務增長、鄰居艷羨的房子，或是因成了小舅子餐廳股東，而免費贈送的一碗焗烤義大利管麵）。另一方面，任何投資都有風險。投資一檔藍籌股要承擔的風險，比投資一家西西里合資企業新創公司來得低。所以說，要看的因素有三種：投資、預期回報、風險。若跟一種外部投資做比較，例如買了一百七十三股艾克森美孚石油（ExxonMobil）的股票，另外，則對自己的創造力投入了投資。投資在創造力上的成本可以非常微小，特別是買了這本書來看（順便道聲謝）。當然，還需要投資時間來磨練技能，但這並不影響要付這個月的房租。

一旦發展出自己的技能，那就永遠都是自己的了。股票必須賣掉才能獲利，但創造力投資不一樣，只要保有其附帶資產，就會不斷生出紅利。隨著經濟變得越來越複雜、競爭，自動化程度越來越高，經過鍛鍊的創造力能持續帶來更高的回報。在此同時，內心會嘗到甜美的果實，因為施展創造力會帶來內心的滿足感。此外，創造力是「可再生」的，不像石油公司得要花數十億投資海上油井，而且終究有枯竭的一天。

至於艾克森美孚股票呢？它會受到無數無法掌控的外力影響，這筆投資注定會不斷浮動。如果好奇，我可以告知諸位，由於油價崩跌、加上新冠肺炎導致消費景氣低迷，這支股票目前處於五年來的新低。這筆投資會受到地緣政治、法規成本、恐怖攻擊、氣候變遷、競爭壓力和天氣型態等因素的影響。更別說，還可能會發生像一九八九年艾克森瓦迪茲號（Exxon Valdez）油輪觸礁，導致漏油污染的大災難。與之相比，創造力投資面對這些外力威脅，可說是穩如泰山。回到投資入門課，打賭這回事，不就是要讓人用最少的成本、最低的風險，得到最高的潛在回報嗎？

這跟我們一直被灌輸的觀念，可說是很不同的策略。過去認為是安全的，現在變成是有風險的，過去認為是有風險的，則變成是安全的。事實上，風水輪流轉，觀念上的反轉，正在大規模醞釀中。成長過程中，我們都會被灌輸完成工作任務所需的「強勢技能」，才是通往職涯康莊大道的金鑰匙，但現在會發現，大多數技能都可以自動化或大量商品化（我猜這些技能終究還是沒那麼「強勢」）。另一方面，我們也會被教導若要找「真正的工作」，就該拋棄那些跟我們的想像力有關的「軟性技能」。然而，這些軟性技能才是需求最高的，而且也才是跟財務獲利、高績效和最大影響力，具有最高相關度的技能類別。譬如蘋果筆電可以很快算出一座橋的容錯率，但要它寫出一齣百老匯音樂劇，那就沒什麼用了。

七十／三十法則

想必大家都聽過流傳已久的八十／二十法則。也就是說，結果中有八成來自於所有因素中的兩成：利潤有百分之八十來自最好的顧客的百分之二十、百分之八十的生產力是百分之二十的員工的功勞、頭痛有百分之八十是百分之二十的問題造成的。義大利學者維弗雷多・帕雷托（Vilfredo Pareto）發現義大利的土地有八成掌握在兩成的人口手中，他在一八九六年從研究中歸納出這個法則。這條法則非常知名，大多數情況下也都正確，也有人將之稱為「帕雷托法則」。

不過，現在來探討一下帕雷托法則的現代變型，這對現有的知識、進程和創造力亦能適用。以一般情況下適用的法則，我認為靠著目前的訓練、經驗和精心計畫，僅僅能得到想追求的成果的七成，剩下的三成，則要透過創造力實現。

假想一下，經營一家已有四十六年之久的食品配銷事業。這家老字號聘請七百三十五名員工，利潤不錯，信譽也很好。過去以來的經營成果令人稱羨，因此，經營這家公司，只需要延續過去的做法就好了，這看來是理所當然的事。畢竟有句老話說，要是東西沒壞，就別修，幹嘛徒增擾亂呢？

但我們所處的世界正在變化，比歷史上任何時候的速度都還要快。雖說還沒有破解任何想像力密碼，不過，在真人世界版的《青蛙過河》遊戲中還在順利破關，沒有掉進河裡去。就跟那隻小青蛙一樣，必須一直跳過前方未知的水域，才趕得及回家吃晚餐。

在下一年的年度策略頒布會議上，同仁一致叫好，要選在奧蘭多市點綴著霓虹燈、以海灘度假為主題裝潢的宴會廳開會，資深主管開心地大啖鮮蝦雞尾酒盅。每個機能部門的主管上台說明年度計畫，眼中只看到甜滋滋的年終紅利。公司過去一直以來都營運得很好，我們得心應手，今年必定又是一記上籃得分。

但等大家離開了這間從上到下貼滿粉彩色壁紙、療癒心情的宴會廳之後，情勢開始急轉直下。蘑菇開始短缺，這表示成本正遭到重擊，公司銷售團隊肩負沉重壓力。某個標榜環境友善的競爭對手，從矽谷募到大筆投資，他們才剛開發出由科技驅動的全新配銷系統，使得這個食品配銷事業的系統，看起來像是五十年前的老古董。一直深為倚重的營運部資深副總，不曉得因為中年危機還是什麼，居然拋下企業生涯，轉換跑道去當瑜伽老師。就在大家覺得事情不能再更糟時，餐廳客戶削減了一半訂單，因為出現了某個奇怪的病毒，大家必須保持社交距離，不久前和同仁還在享受奧蘭多的和煦陽光時，這種事連聽都沒聽過。

就如同披頭四的約翰・藍儂（John Lennon）的名言：「人生就是當你在忙於某些計畫時，遇到突如其來的事件，措手不及。」食品配銷事業與其員工現在都感到痛苦，公司才在幾個月前通過的年度計畫，現在已變得不足以應付眼前的狀況。過去的經驗或許很有意義，但現在面臨的是前無古人的挑戰。所幸，經營計畫做得很好，或許能夠達成七成的業務目標，但是，誰會想要僥倖拿個「丙」的考績呢？

現在得開始填補那個創意力的落差，那剩下的三成，並沒有現成的範本可遵循。為了要攻克這個問題，得要在什麼都不明朗的情況下做決定。需要即興思考，即時順應快速變化的情勢。需要有創意的問題解決方式來對抗衰退，要運用創新的思考才能找出新的成長機會。

手上操控的小青蛙必須學會跳往新方向，而且要快。

作為有創意的領袖，會想到那就是一次一小步的「微創新大突破」。於是準備雲端科技平台，迎戰那家走在科技尖端的新對手。上天下地徹底搜尋，找到更好的蘑菇供應廠商，跟對方簽下一紙多年合約，不僅能拉低成本，還能帶來競爭優勢。找來一個從沒待過同業的人擔任新的營運資深副總，給公司帶來全新觀點和不同的經驗。受限於社交距離無法開業的餐廳客戶，現在該想到要提供送餐服務給醫院、現場應急人員和機構顧客。某些點子很大膽，但有更多點子——若是個別來看，並沒有那麼了不起。重點並不是某個石破天驚的點子，而是在於點子的「數量」，讓員工——公司的英雄領袖——勝過業界的一般水準，成功攫取公司有史以來最高的年度成長。

當然，也可以不理會這個七十／三十法則。想像一下，在這場危機面前僵住不動，無法針對變動調適。員工從沒人提起創造力或開發任何創造力，和公司死死地固守原本的年度計畫。憑藉過去的優秀成績和強勢勁道，團隊達成了七成的年度預期目標，勉強讓公司維持債務清償能力。至少目前是這樣。

但是，七十／三十法則的威力會每年複利成長。如果公司只能達成目標的七成，那麼從下一年度開始，公司的起步會落後一大截。受過傷的狗會變得很不穩定，團隊信心大受挫，一瘸一拐地步入新年度。由於上一年度績效不佳，董事會會緊迫盯人，這等於是創造了緊張環境，不能容許任何創意風險的空間。最好是如履薄冰，做好最熟悉的事就好。公司團隊決定要打安全牌，卻沒想到這是所有招數中風險最高的一種。第二年度又以三成業績落空作收，加上公司裁員、領導階層換血；一月時的異地策略會議，選在芝加哥歐海爾機場（O'Hare Airport）外圍的廉價飯店舉行。如果去的是奧蘭多，手上拿的飲料是美味的藍莓瑪格麗特調酒該有多好？

不過，要是這些複利是以對員工有利的方式表現出來，會是什麼景象？想一想，在艱困的一年拿下輝煌的成績，會提振多少對創造力的信心？攻克下最後三成的業績目標，在第二年度得以延續這個創新的復興活動。從執行長到合作的貨車運輸主管，新穎的點子和新鮮的想法蔚為公司主流。隨著現有客戶的市場額度穩定成長，也贏得新的客戶類型。現金盈餘讓公司有餘力大膽投資技術和基礎建設，加大公司的競爭優勢，此外，還有餘錢發給全公司慷慨的紅利獎金。

每個七十／三十法則帶來的「複利」，可以對公司有利，也可以有害。

就跟本書中多半的概念一樣，這項原則對個人來說也適用。每年攻克那三成的落差，會為自己帶來每年不斷增加的正面複利，以職場升遷、收入增加和更高的工作成就感呈現。每次成功填補這三成的創造力落差，就像是光榮勝利，能讓自己發揮全副的潛力，建立更多自信和能力，下一年度要打的仗便會變得更容易。另一方面，則要小心，不要因為連續兩年的虧損而陷入負面漩渦。這個厄運的循環，很有可能會快速轉移成沉默的絕望，反倒使得捲土重來的機會變得越發困難。

公式災難

乖乖遵循公式，對於浪漫喜劇、男孩團體和調出一杯完美的莫西托調酒來說效果良好。公式之所以存在，最大的理由便是要得到可預測的結果。當結果是正面的——就像我每次去拉斯維加斯，一定要去噴泉之家酒廊（Casa Fuente）點杯銷魂的莫西托，公式實在棒的沒話說。而這也不禁讓人好奇，既然這麼好預測，為什麼會有公式化災難存在，不是顯然就應該避免嗎？

有多少次，看過下面這種劇碼上演？

・第一幕：「年輕的創新公司」

有家新公司，就叫它甲公司吧，瘋狂地追求創新。這家公司，不只客戶愛他們，也是華爾街的寵兒，他們吸引了最棒的人才，利潤好到不行。這家新興的市場贏家輾壓了還在沉睡中的產業雄獅，把他們海放到太平洋去。

・第二幕：「挑戰」

幾年過後，有家新的競爭業者——稱它為乙公司吧——加入戰局，竟揭開了王者甲公司的弱點。新加入的挑戰者找到為客戶實現價值的新方式。它採用創新的做法，展露頭角，甲公司（現在已成了市場龍頭）則努力穩住地盤。新加入的挑戰者乙公司更加靈活、更加創新，一路前進，勢如破竹。

・第三幕：「察覺不到的衰退」

甲公司憑藉著過去幾年的勢頭，不斷成長，但速度已大不如以往。公司領袖嘴上重複著像是「我們會沒事，過去也是這樣」的老生常談。他們的自負，蒙蔽了眼前股東價值不斷受到侵蝕的事實。同時間，乙公司繼續蠶食甲公司的領土，他們挖角對方重要的員工，並不斷向對方重要客戶示好。

・第四幕：「最後一口氣」

過去也曾跌跌撞撞、現在已是十足產業領導者的甲公司，終於願意接受嚴重現實時，已為時晚矣。一連串的大錯誤、錯失的機會，打安全牌等作為，導致最後的終結。當公司的執行主管手忙腳亂地想拿一包優厚的離職津貼走人時，股東和客戶已為這家公司判了死刑，而挑戰者乙公司則成了新的王者。

來驗證一下，把下面這些公司帶入，便能明瞭什麼是公式災難了。

甲公司	乙公司
拍立得（Polaroid）	Instagram
Rand McNally 地圖公司	Waze 導航應用程式
百視達（Bluckbuster）	網飛
通用釷星汽車	特斯拉
美國東方航空（Eastern Airlines）	捷藍航空（Jet Blue）
Atari 遊戲公司	Xbox

JCPenny 百貨	Zara 服飾
31 冰淇淋（Baskin-Robbins）	Pinkberry 冷凍優格
黑莓機（Blackberry）	iPhone
MySpace	臉書（Facebook）
Borders Books 書店	亞馬遜（Amazon）
玩具反斗城	Target 超市
《摩登原始人》（The Flintsones）	《辛普森家庭》（The Simpsons）
傳統高爾夫	精擊高爾夫

這些都是最知名、明顯的失敗案例，不過，我們很容易就能在每個產業、每個地區、每種公司規模當中找到這樣的公式，簡直比搜尋天氣預報還容易。感覺非常笨重、老派的人身傷害律師事務所，現在已遭遇現代、快速、應用科技的執業方式威脅。不了解現狀的專業軟體大廠，現在已遭到更創新的新興企業狙殺。這個模式也會在個人職涯上發生，大學也是，還有教會、社群，甚至是國家。所以，到底為什麼會不斷見到同樣的模式持續發生？連小學五年級生都可以拿這個主題寫成報告，只不過這種報告會拿到乙下，因為太缺乏想像力了。

為什麼我們一直犯下同樣的錯，特別是當這些錯誤比鄉土劇還老套呢？

我們千萬不能錯過兩棲類小朋友在《青蛙過河》帶來的啟示。小青蛙告訴我們的東西很清楚：開發有創意的技能，以便能持續往前跳，不然就要承擔失去一切的風險。站住不動簡直是危險至極，但是，頻繁地、有自制力地跳出創意的一步，就能夠找出明確且更為安全的前路。

此刻正是鍛鍊創意的肌肉最重要的時刻，伸展創意肌肉，再使人興奮不過了。

在下一章當中，我們要探討創意大師，如何透過每天的習慣來生產他們的非凡作品。運動員訓練會透過訓練手法來培養他們的能力，同樣的，我們要來看看這些多產的創意家如何鍛鍊他們的技巧。健身房看起來或許更像是藝術家工作室，以重複不斷的動作練習，以求臻於大師境界，這個要旨是正確無誤的。

我們要來一窺歌手女神卡卡、英國塗鴉藝術家班克西和好萊塢名導史蒂芬・史匹柏採用的訓練儀式。讓我們來研究那些傳奇的藝術家、音樂家、作家、發明家和商業領袖如何透過每天的習慣來培養想像力。

我還會分享我「每天五分鐘」的例行程序，歡迎讀者拿來使用，一起來刺激創造力。對了，這不需要任何健身設備。

第四章　鍛鍊創意的肌肉

活躍於二十世紀上半葉的英國古怪詩人伊迪詩・希特維爾（Edith Sitwell），每天早上起來要先在打開的棺木中躺一會兒，然後才會起身動筆寫作。

磁碟片的發明人、名下有三千三百項專利的中村義郎（Yoshiro Nakamatsu）博士，習慣浸在水裡把自己逼近缺氧的狀態，藉以刺激靈感的萌發。

著名的德語小說家法蘭茲・卡夫卡（Franz Kafka）寫作前有個怪癖，他一定要先全身赤裸地站在大開的窗戶前，毫不避諱地讓世人觀賞他做完十分鐘的體操後，才有辦法寫得出字來。

寫出多部心理驚悚類型小說而聞名的作家派翠西亞・海史密斯（Patricia Highsmith），每天幾乎都能固定創作兩千字，前提是一定要有她飼養的三百隻蝸牛相伴才行。

文藝復興時期的英國哲學家培根（Francis Bacon），同時也是發展出科學方法的科學家，他每天固定要乾掉六瓶以上的葡萄酒，吃掉好幾頓美食大餐和一大把藥片，此外，他還是個賭徒。

姑且不論這些儀式性的怪癖有多令人咋舌，我們需要注意到的是這些偉大人物都會透過習慣的力量，來助長他們的想像力。許多創造力豐富的音樂家、電影人和發明家都曾藉由例行性的儀式，來駕馭他們的創造力，創作出絕世之作。

對我們這些普通人來說，要發揮創造力不必然需要怪誕的習慣。正如暢銷書作家和習慣養成專家詹姆斯．克利爾（James Clear）在他的《原子習慣》（Atomic Habits）一書中所說，習慣就是「一連串正確的決定，自動導航而形成的」。克利爾引用美國杜克大學（Duke University）所做的研究指出：「人類每天的行為有百分之四十是受到習慣主宰」，說白點，如果想要鍛鍊創造力，應該從檢視習慣開始。

我在學彈爵士吉他的時候，幾乎所有的進步都是持續勤練不輟的結果。即使是名師教學的一堂精彩課程，都不如我跟著我那台二手節拍器發出的催眠搭搭聲，花費無數個小時的苦練還來得有用。

世間普遍相信，若想要學好一項新技能，必須要練習一萬個小時，這指的是加拿大暢銷作家麥爾坎．葛拉威爾（Malcolm Gladwell）在他的著作裡提到的「一萬小時法則」。或許在某些領域登峰造極，真的要花上那麼久的時間，事實上我比較支持另一種「二十小時法則」。

這個二十小時法則是作家喬許．考夫曼（Joshua Kaufman）提出的。人稱「自學大師」的考夫曼，在他二〇一三年發表的 TED 演講不時引起觀眾哄堂大笑，不過他的重點是在質疑一萬小時法則的有效性。與之相反，他建議了另一種做法。他認為只要認真投入二十小時的練習，便能學會幾乎任何技能的基礎知識。二十小時或許不能讓人變成葡萄酒大師，但肯定足以讓人掌握品酒的基礎知識。二十小時也不可能讓人演奏出知名大提琴家馬友友般的音色，但至少能讓人輕鬆駕馭一曲《小星星》，對這把凹凸有致的迷人樂器有了初步的了解。

掌握這個「二十小時法則」的奧義，能夠讓人從難以企及的遠大目標中解脫，各位會發現，僅是投資幾個小時的時間耕耘創造力，就足以收穫甜美的果實。要釋放成就「微創新大突破」的潛力，不需要拿到創作的博士學位，因為這些想像力的小小珠玉，皆是觸手可及的。

不如把這「二十小時」進一步切割成應付得來的小段落吧，像是：連續兩個月每天花二十分鐘，或連續四個月每天花十分鐘，都是每個人都能輕易做到的，這道工夫累積下來，便能夠扎實地朝「百分之五的創意升級」推進。省下收看幾集最愛的實境秀的時間，就能順利地提升創造力。

接下來，讓我們來看看幾個創意家的故事，他們具備怎樣的習慣和心態，而實現了「巨大」創新」，不過，同樣的方法，像你我這般的普通人一樣能夠借用，在平凡的日常中發掘豐盛的「普通」創新。

神奇的果皮，愛皮兒的故事

珍妮．杜（Jenny Du）生於華裔移民家庭，她的父母歷盡艱辛逃到加拿大，為的是尋求更好的生活。杜氏夫婦雖沒受過太多正規教育，仍敦促四個女兒追求卓越的學術成就。珍妮曾描述他們家簡直是個「超級藍領家庭」；她父親以焊工為業，常常一星期整整七天都在工作，她的母親則是拼命接各種活補貼家計。在這種情況下，杜家女兒很早就學會了獨立。

珍妮的姊妹遵循傳統路線，有兩人成為驗光師，一人成為牙醫。至於珍妮，她在取得化學博士學位以後，還不確定她想要做什麼。

珍妮對食物浪費的議題產生了興趣，這是世界上的重大問題之一。她跟她在加州大學聖塔芭芭拉分校的另外兩個博士同學詹姆士．羅傑斯（James Rogers）和路．裴瑞茲（Lou Perez），一起研究如何對付這個議題。食物浪費的問題有多嚴重呢？世界上有高達四成的食物遭到丟棄，其中絕大部分都是因為腐敗而被丟掉，可怕的是全球溫室氣體竟有百分之十是肇因於食物浪費。比經濟和環境影響更為糟糕，有食物遭到浪費便表示有人會挨餓。

根據世界衛生組織的統計，全世界有八億兩千一百萬人（等於每九人中有一人）餓著肚子睡覺。隨著全球人口增加，這問題只會日益嚴重。全球人口預計會在二〇五〇年達到一百億，屆時，人類的食物需求會比目前的生產量高出百分之五十六。

我們對食物有迫切的需求，卻有如此嚴重的浪費？這之間的落差促使珍妮、詹姆士和路提出一連串的問題：我們要如何良好保存食物？冷藏真的是最好的方法嗎？看看植物是如何保護自己的？為什麼植物從枝條上分離後就開始腐壞？是什麼造成食物腐敗變質？珍妮等人努力不懈，每一條問題分裂出三個問題。

他們的提問從「為什麼」、「如何」逐漸演化成「如果……會怎樣」？如果發明一種方法來保護採收下來的蔬果，不知會怎樣？既然每種水果和植物都有一層可以保護內芯的外皮，如果加強蔬果天然外皮的保護力，不知會怎樣？

問了問題之後，他們開始實驗，接著進一步發展出更大的點子：如果開發全天然的植物性塗層，大幅減緩蔬果腐敗的流程，不知會怎樣？改善蔬果天然外皮的想法，促使三位年輕科學家動起來。有兩年的時間，他們成天泡在實驗室裡，深夜裡靠咖啡和披薩提振精神。終於，他們藉著一小筆從比爾與梅琳達・蓋茲基金會（Bill & Melinda Gates Foundation）得到的補助款，成立了愛皮兒（Apeel Sciences）生技公司。

他們最開始的想法是很好的起頭，但在最初的火花之後，卻是接連不斷的「微創新大突破」，才讓珍妮的團隊將他們的願景鍛造成現實。他們花了六年多的時間才讓他們的第一項產品——酪梨外皮噴霧——獲得美國食品藥物管理局核准商業使用。

「酪梨的最佳成熟度實在很難捉摸，擺在那邊，每次去看都還太硬而不能吃，但突然有一天，會發現它已經過熟了。」愛皮兒的共同創辦人詹姆士·羅傑斯笑著說，「但是用了愛皮兒噴霧的酪梨，就不會鬧出這樣的笑話，因為噴霧過的酪梨可以長期保持最佳熟度。」只要噴上愛皮兒的植物性塗層，酪梨的保鮮期比其他沒噴過的酪梨，延長三倍以上的保鮮時間。羅傑斯繼續說明：「這種塗層看不到、聞不到、嘗不到，也感覺不到，它是植物性的。我們是用植物來保存植物。」

這家由一群書呆子組成的小公司，位於聖塔芭芭拉市的外圍地帶，持續地獲得動能和外界的注意。在蓋茲基金會再次撥款資助愛皮兒更多研究和開發後，這三位創辦人終於捕捉到媒體和科學界的注意了，隨之而來的包括熱切的風險投資人。曾經成功押寶臉書、愛彼迎、推特而聲名大噪的矽谷創投公司安德森和霍洛維茲（Andreessen Horowitz），就在愛皮兒發起一輪七千萬美金的募資時擔任領投的投資人，同一輪當中還有歌手凱蒂·佩芮（Katy Perry）

和歐普拉．溫芙瑞等名人的加入。

歐普拉在一場跟此次投資有關的場合中公開表示：「我不喜歡看到食物遭到浪費，特別是世界上還有許多人沒東西可吃。愛皮兒能延長生鮮蔬果的壽命，這對食品供應和我們的地球來說非常重要」。

《時代雜誌》將愛皮兒生技選為二〇一八年時代雜誌年度五十大天才企業，當年度的世界經濟論壇（World Economic Forum）也在瑞士達沃斯的開幕典禮上，將愛皮兒選為年度科技先鋒企業之一。二〇一九年，《快公司》（Fast Company）財經雜誌將愛皮兒列為該雜誌的年度最佳創新企業的第七名，領先蘋果公司、派樂騰（Peloton）健身器材公司和環球音樂集團。

二〇二〇年五月二十六日，就在新冠肺炎肆虐最嚴重時，愛皮兒達到了每家新創公司夢想的里程碑。他們獲得由新加坡主權財富基金領投的二千五百萬美元資金，將公司的市值推升到超過十億美元。珍妮、詹姆士和路的創意構想，正式成為「獨角獸」——矽谷創投界給市值超過十億美元的新創公司，所冠上的封號。

得到大筆的資金和遠播的名聲，愛皮兒現在可以好好發揮有意義的影響了。這家公司的創辦人在一份聲明中說：「廢棄食物是對每個參與食物生產體系的人，所加諸的隱形稅，消除全球的廢棄食物，每年可省下二十六兆美元，讓我們為生產者、配銷者、零售商、消費者和我們的地球，創造更好的食物生態體系。讓我們一起來幫助食品產業恢復舊日的美好，合力來解決食物浪費的危機。」

在一次為訪客導覽亮閃閃的十萬平方英尺公司總部時，丹尼爾．康斯坦沙（Daniel Costanza）說明，他們有位客戶因使用愛皮兒保護噴霧，現在已不需要為小黃瓜包裹保鮮膜了。光是這一個小黃瓜生產商所做的改變，所省下的保鮮膜竟可包裹紐約帝國大廈十一層之多！「想想看，要是全球每種食物都可以這樣做的話，我們就能大幅扭轉大家對用過即棄的塑膠製品的既定印象，這真的很了不起。」康斯坦沙說道。

幾個從學術道路半途而廢的加州大學聖塔芭芭拉分校博士後研究生，他們是怎麼創造出如此驚人的公司的？他們的甜美果實，正是來自於培養並收成他們自己透過每日習慣累積下來的創造力。就像這家公司立意保護的蔬菜和水果，透過「獲得」、「環境條件」、「反覆操練」，創造力從中生長茁壯，要延展我們自身的能力，也是要透過這些基本條件。

對於農作物來說，好的「獲得」便是陽光、水、肥料和沃土，有利於植物生長，不好的獲得則是病蟲害，會害植物枯萎。要種出健康的農作物，農人要努力改善生長的外在條件，例如氣候、種植的間隔，還要創造有益的環境，防止鼠類等有害物入侵。從埋下種子到收成，蔬果需要充足的時間成長。草莓要能夠完美地成熟，必須要好幾個星期重複照射陽光和灌溉。

愛皮兒這家公司的成長和成功，便是受這三種相同因素的滋養。他們無止盡的好奇心促使最初的構想萌發，所問的無數問題都成了有益的獲得，再加上他們大量研究食物浪費和全球飢餓問題，終於導向了成功。其餘的獲得還包括珍妮與她三名手足需要在家自己照顧自己的年月，為她養成了獨立自主和解決問題的能力。公司成立之前，她和另兩位創辦人花了不知多少時間泡在化學實驗室裡，他們對科學流程擁有非常深入的知識。隨著公司成長，他們注入了其他形式的「獲得」，包括資金、更多團隊成員、公眾的認可，以及世界各地的研究結果。

從鄰近一家大型研究大學到他們時髦的公司新總部，環境條件因素在這家公司的光明未來中扮演了關鍵角色。在公司內部，珍妮塑造了公司的文化，作為助長創意思考和創意解決問題的環境。「這是一個絕佳的機會，讓我能做有意義的事，在有趣的技術領域中工作，並從零開始建立公司的文化和價值，還有什麼比這更棒的？」珍妮在二〇二〇年的富比士訪談中如此說。

珍妮以透明和信任為核心建立公司文化，鼓勵公司團隊成員分享任何點子。二〇一九年，珍妮在加州大學聖塔芭芭拉分校演講時提到：「我們每週一都會開一次全員大會，可以聽到來自全公司上下不同員工的意見……百無禁忌。我們標榜透明、誠實，有時還有一點容易受到責難。」

至於反覆練習，在目睹藝術家驚人的絕技而生出的浪漫想像時，經常忽略這項元素。但反覆做同一件事，才能夠讓個人或組織練出創造力的肌肉。珍妮和團隊長年下來按著愛皮兒發展出的公式辛勤地照表操課，日復一日。要開發出以有機、可食的蔬食為素材的薄層，還要能夠噴霧在蔬果上，大幅降低其脫水率和氧化率，說比做容易多了。要是沒有持續不懈的努力，愛皮兒很有可能輕易地就消失在數百萬個絕妙的初始構想當中，從沒機會冒出頭。

無論是要立意消除全球的飢餓問題，或只是想要學習用斑鳩琴彈一曲〈美國派〉（American Pie），兩者都能應用相同的系統性方法來打造創造力。從作曲家、劇作家到發明家和商業偉人，研究這些史上最了不起的創意家，會發現這些天才當中，有大多數人都是以勤懇、老實的方法鍛鍊他們的創意肌肉。他們都有一套系統性的方法，透過每天養成的習慣來實行，作為他們創意發想的根基。

如果將我們的習慣解構成：**獲得**、**環境條件和反覆操練**，也就是推動珍妮杜成功的三種要素，我們也能制定出訓練套餐，養大創造力肌肉。這三種習慣因素同樣能讓我們學會使用鏈鋸、跳探戈舞或葡萄牙語，此外，還能在身上施展神奇魔術，讓我們變得更有創意。

獲得

行事神秘的英國塗鴉藝術家班克西十八歲時，一次瀕臨被警察抓走的經驗，改變了他的藝術創作。他在家鄉布里斯托跟一群藝術家好友，正對著一輛停放的火車噴漆時，突然遭到警察突襲。班克西在二〇〇三年的訪問中說：「我其他朋友都跑回車上去了，我只好在一輛傾倒卡車下面躲了一個小時，引擎滴漏下來的機油淋得我滿身都是。我躺在那裡，專心聽警察在鐵軌上的動靜時，明瞭到必須將我作畫的時間減成一半，不然就該乾脆放棄。我眼睛盯著燃料槽底部用切割模板噴漆出來的文字，想到我可以模仿這種風格，讓每個字母都呈現三英尺高。等到切出我第一片模板時，我可以感受到其中的威力。我也很喜歡其中的政治意涵。所有塗鴉都帶有些微的異議味道，不過模板噴漆藝術還有歷史背景在裡面，大眾發動革命和呼籲停止戰爭的時候，會用這種板子來做標語。」

班克西目前是全球知名的藝術家，他獨特的風格始於躲藏一小時中獲得的靈感。他開始採用噴漆模板來創作，使他的作品有非常高的辨識度，大家一望即知。這位塗鴉藝術家、行動者、畫家和影片製作人，獲《時代》雜誌列為二〇一〇年全球具影響力的人物之一，他的作品賣出好幾百萬美元高價，受到全球藝術愛好者爭相收藏。

當我們綜觀班克西不可思議的作品時，會發現他從別處獲得納為己用的東西，就跟藝術家的簽名一樣清楚。而班克西最為人所知的特色，就是他都是匿名創作。在這個爭相編織扣人心弦的故事來建立知名度的年代裡，沒人知道班克西的真名是什麼，也沒人曉得他長什麼樣。他拒絕任何型態的曝光，不求任何鎂光燈，總是躲在陰影裡。既神秘又引人入勝，不過班克西之所以匿名，是從別的因素來的。

十五世紀晚期有幅畫《哺乳的聖母》（Nursing Madonna），二〇一九年二月時在一場拍賣上拍出二百五十萬美元。不知道這位畫家叫什麼名字，只知道稱為「刺繡樹葉大師」，這個時期有數十位畫家隱身在這個假名後面創作。出生於義大利，著有《那不勒斯故事》四部曲的作家艾琳娜・斐蘭德（Elena Ferrante），從她一九九二年出道以來一直都用筆名寫作。當她獲得諾貝爾文學獎提名時，主辦單位著實擔心，因為不曉得要是她得獎的話，不知要去哪裡找她。

班克西另一個古怪的特色，就是喜歡惡作劇。他曾偷偷潛入羅浮宮，掛上自己畫的《蒙娜麗莎》，只不過這幅畫的臉貼上了笑臉的表情符號。不知怎的，他在紐約大都會藝術博物館掛上頭戴防毒面具的女子畫像時，眾人也渾然不覺。還有一次，他製作了一尊真人大小，身穿亮橘色連身囚服的關塔那摩監獄囚犯充氣娃娃，進入迪士尼遊樂園，將之裝置在某座遊樂設施園區內，這尊反諷意味非常濃厚的娃娃放在那裡有九十分鐘之久，直到園方發現才將之移除。（譯注：這起事件發生在二〇〇六年，當時正值伊拉克戰爭，美軍抓到的伊拉克俘虜都是送到位於古巴這個惡名昭彰的關塔那摩監獄，美國也因關塔那摩監獄傳出的許多虐俘醜聞備受輿論抨擊。）

班克西還有一件最為知名的惡作劇，使他登上全球各地的新聞頭條，他備受爭議的知名度可說是超越世界上任何仍在世的藝術家。二〇一八年，一場蘇富比拍賣會上，當拍賣官敲下木槌，代表班克西畫作《氣球女孩》（Girl with Balloon）順利賣出的瞬間，在場所有人都震驚地看著這幅畫開始自動銷毀。這幅畫作在蘇富比的儲藏室已經收藏好幾年，但沒有人察覺到，原來班克西在畫框裡暗藏了迷你碎紙機。在畫作拍賣成交之際，由班克西以遠端遙控啟動碎紙裝置。畫作自動退出到一半，下半部被碎成紙條，這幅「無法退貨」的作品就以上半部完好，下半部呈現碎紙狀的狀態懸在畫框裡。

想像一下，那位剛花了一百四十萬美元買下這幅畫的買家會有多震驚。班克西發動惡作劇的動機並不清楚，難道就像藝術史學家克爾西．坎貝朵勒根（Kelsey Campbell-Dollaghan）所評論的：「這是藝術家採用游擊戰術，用來對他們生計之所繫的藝術評論家、經紀人、藝廊主、美術館策展人表示輕蔑之意」，還是說，這是一次絕佳的行銷操作，為的是提升他的知名度並增加他的作品價值？這起事件中，買家很顯然是那個最後笑開懷的人，因為根據《財星》（Fortune）雜誌估計，這場惡作劇讓這幅畫的身價又翻了一倍以上。

不過話說回來，班克西並不是惡作劇的始祖。一九七〇年代時，藝術家哈維・史壯伯格（Harvey Stromberg）曾假扮攝影記者，在紐約現代藝術博物館各處貼上超過三百張貼紙，這些貼紙畫的都是平凡物件，像是電燈開關、磚牆紋路、插座等等。這些貼紙極其擬真，貼在牆上不仔細看還看不出來。工作人員花了超過兩年的時間才全數辨識出來並移除。

信不信由你，班克西甚至不是第一個自毀作品的藝術家。早在一九六〇年，機動藝術的代表性人物尚・丁格利（Jean Tinguely）製作了一件雕塑作品《向紐約致敬》（Homage to New York），在現代藝術博物館的花園裡首次亮相。這座奇妙的機械裝置就在包括著名的收藏家約翰・戴維森・洛克斐勒三世（John D. Rockefeller III）等人的面前，開始運轉起來。接著，在眾目睽睽之下，群眾困惑地看著這件動個不停的作品冒出火焰「自燃」。當時的博物館管理人員這樣描述：

> 在這座裝置上，一顆實驗用的氣象氣球漲大、破掉，有彩色的煙冒出來，裝置畫出

圖畫然後毀掉，有瓶子掉落地上砸碎。作品裡裝了會自動彈奏的鋼琴、金屬製的鼓、播放中的廣播、一段藝術家解釋這件作品的錄音，背景裡還夾雜著斥責他的尖銳聲音，整座裝置一邊播出吵雜、刺耳的聲音，一邊冒出火焰燃燒、分崩離析，直到很快被消防員滅火才停止。

從噴漆藝術、假名，到惡作劇，班克西從其他創作者身上獲得許多靈感，發展出他自己獨特的藝術綜合體。他顛覆性主題的藝術創作也一樣，他把一隻八千磅重的大象全身漆上大紅色，再在象的龐大身軀上從上到下覆上一層金色的百合花紋飾，這個創作的概念是為了要提醒大眾關心全球的貧困問題。想想看，要把一隻活生生的大象放到藝術展覽空間，必定會招來動保團體的抗議，這樣一來，就無法忽視班克西想要傳達的訊息了。班克西在事先預備好的聲明上說：「這隻『房間裡的大象』就是全球十三億活在貧困線以下的人。」

像抱著玩偶般緊緊抱著炸彈的少女的畫作，便是他對地緣政治動亂表達的立場。兩位男性警員熱情相吻的畫作，亦是基於他對英國當局恐同情緒的觀察。從他發人深省的圖像到他玩弄的雙關語，他的藝術創作反映出他從各地獲得的靈感。無論是隱藏在犯罪現場封條後面的田園風景，或留著「莫霍克」龐克髮型的邱吉爾畫像，每件作品都匯集他從不同來源擷取到的靈感，從而以視覺藝術的形式表達他的想法。

不管是哪種訓練系統，「獲得」都非常重要。如果想要健身，需要獲得食物、水和營養補充品。其他的「獲得」還包括私人教練、互相砥礪的訓練夥伴，還有訂閱《體重管理》（*Weight Watchers*）雜誌。

當我想要擷取外在事物來提升創造力時，我喜歡吸收各種形式的藝術，像是音樂、文學、美術。我還會嘗試吸收跟工作或現有興趣無關的事物。閱讀《大家玩木工》或是看如何修剪日式盆栽的影片，能帶來多大的靈感，可能會讓人很驚訝。隨機從外界事物得來的刺激，事實上會給創意帶來巨大的影響。

英國披頭四樂團的傳奇吉他手喬治・哈里遜（George Harrison）曾研讀過東方哲學，學到相對主義的核心原則。「東方思想似乎認為，一切事物都與其他事物互相形成相對的關係，然而西方主義卻認為任何事的發生，都不過是種巧合」，哈里遜在他二〇〇二年出版的自傳《我：主格、受格、所有格》（*I, Me, Mine*）這麼說道。他決意要試驗這個概念，便隨機翻開一本書，用第一眼看到的字詞來寫歌。他翻開一本已蒙塵的精裝書，看到「輕輕地哭泣」（gently weeps）出現在書頁的中央。最後他寫出的歌，便是〈當我的吉他輕輕地哭泣〉（While My Guitar Gently Weeps）這首名曲，這首歌名列《滾石雜誌》「史上最偉大的五百首歌曲」之一，而且受廣大歌迷推崇為哈里遜最棒的作品。

德國詩人和劇作家菲德列克．席勒（Friedrich Schiller）則是要從奇怪的來源獲得靈感，他會在書桌抽屜放入腐爛中的蘋果，在寫下每個字之前都得要吸一下那腐壞的臭氣。無論想要採取傳統還是異想天開的方法，思考一下，要從哪裡「獲得」靈感最適合塑造最理想的創意習慣。

環境條件

美國名導演史蒂芬．史匹柏年僅二十歲的時候，拿到了一紙七年合約，為環球影業拍電影。當時的史匹柏年輕、容易受影響，看不出他日後會在影壇成就如此代表性的地位。那時他的老闆是環球影業總裁席德．辛伯格（Sid Sheinberg），辛伯格向他保證，辛伯格據以評價的不是別的，而是他釋放創造力的能力。辛伯格告訴這位年輕導演：「就算賣座失敗，我也一樣會大力支持你。」如果史匹柏去不同的環境，就很難說他是不是能取得像今天的重要地位。辛伯格給了史匹柏理想的環境條件，容許他冒險發揮創意，他從中累積了自信，讓他的藝術成就一步步臻於高峰。

除了從外界獲得的東西，環境條件跟努力同等重要。相同的道理，溫室能夠為植物創造理想的生長環境，創造性的環境是培養藝術能力的重要因素。環境條件可以包括實體環境、儀式和獎勵、設備、外在壓力和要求、期限，以及周遭的人。

搖滾天團史密斯飛船（Aerosmith）也採用環境條件來催生樂團的創造力。他們每個星期都會開個「我就是爛」的會，主唱史蒂芬・泰勒（Steven Tyler）解釋：「我們每個人都會提出恐怕是很爛的構想，就是那種連自己都羞於承認會有的想法，但會在會議上提出來。十次有九次，這些想法是真的很爛，但我告訴你，剩下的那一次就讓我們得到了〈騙倒我的娘們老兄〉（Dude Looks Like a Lady）和〈電梯裡的情事〉（Love in an Elevator）這些大賣的歌曲。」藉由這個例行的「我就是爛」會議，團員可以毫無顧忌地分享他們的瘋狂點子，幫助大家成為更棒的藝人，同時讓樂團發現更多新的素材。

煙蒂投票箱的發明者特雷溫・瑞斯托立克也有一個很相近的類似例行儀式，他跟一群人固定每星期五的午餐時間，有個「本週鳥事」的聚會，所有人會帶自己的午餐，分享他們這一星期搞砸了哪些事。這些錯誤不會遭受批評，大家反而會鼓掌讚賞。這聚會鼓勵成員說出他們自身跌倒的經驗，為這些鳥事提出的分析和見解，成為幫助他們日後進步的養分。如果有人剛巧沒有搞砸任何事，特雷溫便會反問他們為什麼沒有？然後鼓勵他們下星期大膽創意冒險。這個星期五的例行聚會不僅薰陶了成員的創意膽量，連帶還擴大他們對失敗的容忍度。

林曼努爾．米蘭達替迪士尼電影《海洋奇緣》（Moana）寫其中的一首歌〈我會走多遠〉（How Far I'll Go）的時候，環境也扮演了重要的因素。正在他著手寫下一曲，由正值青春期的女主角演唱的抒發志向歌曲時，他回到他自己童年時期的家尋找靈感。「當時我要為一個十幾歲的角色寫歌，我需要回顧過去那個惴惴不安的自己。對青春期的少年來說，未來好似遠得不得了，而眼前的抉擇卻有如非生即死般重要。因此，我回到舊家，把自己關進幼時住過的房間裡」，米蘭達在二〇一七年接受《華盛頓郵報》專訪時這麼說。

早在他功成名就前，米蘭達即已建立了理想的環境條件來打磨他的技藝。他跟幾個都在音樂劇圈打拼的夥伴組了即興團體，幫助他們鍛鍊創意的肌肉。這個團體名叫「自由式愛情至上」（Freestyle Love Supreme）。從二〇〇四年起，他們固定聚在一起練習，表演從觀眾身上取得靈感的即興嘻哈音樂。觀眾席或許會有人丟出動詞「cajole」（誘騙），然後另一個人丟出名詞「refrigerator」（冰箱）。成員則利用觀眾丟出來的字詞，立刻即興創作，搭配節奏口技，表演一首饒舌歌曲。米蘭達的即興團體為他創造了完美的環境，最終幫助他創下史無前例的成就。

我從作家好友尼爾．帕斯瑞查（Neil Pasricha）身上學到能創造出環境的絕佳習慣。尼爾在二〇一九年出版的書《你很棒》（You Are Awesome）中，描述了他最喜歡的做法，將之稱為「不可打擾的日子」。根據他的解釋，大部分人每星期的五個工作日都過得差不多。每天塞滿了不同的會議和視訊會議，會與會之間只間隔短短的時間。這樣就造成了問題，要是下個電話會議在十一分鐘後舉行，便很難進入任何有創造性的氛圍當中。因此，為了空出時間讓他從事深入創意的工作，尼爾重新設定他的行事曆。現在，他把所有的會議都擠進行程滿檔的四天當中，剩下的一個工作天則絕對不可以碰。

在這個「不可打擾的日子」當中，尼爾將所有會分心的事務都移走，讓他能將精力放在創造性的事物上。他關掉電腦的無線網路，避免電子郵件或社群媒體讓他分心。手機則調到飛航模式，不讓簡訊或電話打擾他。這一天的行事曆既完全清空，又沒有任何外界打擾，他可以好好地專心在創意工作上。據他指出，花在工作上的時間並沒有增加，反而同一時段的工作效率變高了。除了因緊急事件讓太太能找到他以外，尼爾會完全切斷與外界的聯繫，以便深入他自己的創意世界。

我從尼爾處學來這個「不可打擾的日子」的習慣，到目前為止已堅定實踐超過一年。這可說是過去十年來，在創意產出上給我帶來最大助力的改變，讓我有時間能真正專心在需要超過十五分鐘的事務上。藉著改變環境條件，我的創意產出巨幅增加。如果空出一整天的時間不可行，還是可以嘗試調整行事曆。就算實行的是每月一次「不可打擾的上午」，還是改善了環境條件，幫助自己一點一滴實現「微創新大突破」。

文藝復興巨匠達文西每天會固定小睡五次，以加強他的創造力。這位天才愛睡覺的習慣，背後還真的有科學論點支持。加州大學爾灣分校心理系副教授莎拉．麥德尼克（Sara C. Mednick）博士，寫了一本書《睡個覺，人生就此不同！》（Take a Nap! Change Your Life）。她在此書描述了一項研究。她讓一組參與者做創意力的測驗，分數出來了之後，其中一半的人睡午覺休息，另一半的人則只是休息，不睡覺。當天稍晚，所有人再做一次創意力測驗，用意是要衡量「小睡」對於創意產出的影響。麥德尼克博士的研究發現，睡過午覺的人第二次的分數進步了百分之四十，但另一半沒睡覺，頭腦昏昏沉沉的人，則沒有半點進步。

世人常認為懶人才睡午覺，但其實小睡能帶來大大的好處。西班牙現實主義畫家薩爾瓦多．達利（Salvador Dalí）有個為人所知的特點，便是他一天要睡好多次，好讓他的創意大腦消除疲勞，重振精神。為了防止他睡太久，他養成一個他稱為「握著鑰匙微眠」的習慣。達利要入睡的時候，會靠坐在舒適的椅子上，手上握著以大型鑰匙圈串起來的鑰匙，正下方的地板刻意放置一金屬盤。當他打起瞌睡，手會放鬆，鑰匙滑落下來砸到金屬盤，將發出很大的聲響喚醒他。「這種恰到好處的歇息，一秒都不需要更多，能讓肉體和精神振奮起來」，達利在他一九四八年出版的書《魔幻技藝的五十個秘密》（50 Secrets of Magic Craftsmanship）中這麼說。

暢銷書作家丹．品克（Dan Pink）開發出一套小睡儀式，他將之暱稱為「咖布奇諾」。他大約下午三點左右時，品克會灌下一大杯咖啡，然後快速戴上眼罩，倒下睡個不省人事。他事先設好鬧鐘在二十分鐘後響起，所以不擔心會睡過頭。二十分鐘後，鬧鐘不偏不倚地在咖啡因正要開始發揮作用時響起，醒來時全身上下精神飽滿。新的科學證據指出，理想的小睡長度大約是十八到二十二分鐘，因此，品克採用了很有效率的方法，讓他的創造力重新充電，下午也能保持高度生產力。

創造力的理想環境，應視個人喜好而定，有些創作者喜歡在公共場合工作，從人群的熙來攘往中擷取靈感，有些人則堅持要獨處在安靜的環境中。有些藝術家的工作室總是凌亂不堪，呈現混亂，有些藝術家則喜歡周遭保持整潔有序。

二十世紀的現代主義先驅，英國女作家維吉尼亞．吳爾芙（Virginia Woolf）都是站著寫作，俄羅斯音樂家伊果．史特拉溫斯基（Igor Stravinsky）每天早上要先倒立十五分鐘，才會開始作曲工作。英國劇作家湯姆．史塔佩（Tom Stoppard）實實在在地把自己鏈在書桌前一天至少七個小時，以確保他的寫作保持穩定的節奏，我想這個習慣應該很少人想模仿。重點在於，設計適合的環境，這會大力推動創造力更上層樓。

反覆操練

二〇一九年的奧斯卡頒獎典禮上，美國歌手女神卡卡才以完美的音準現場演唱《一個巨星的誕生》的電影主題曲〈擱淺〉（Shallow），過沒多久，便拿下了最佳電影原唱歌曲的奧斯卡獎。從她落落大方的台風到她完美的嗓音，這位才華洋溢的表演家使一切看起來都那麼地容易。

當我們看到每個領域的頂尖者展現才華——無論在百老匯還是商業的世界，他們看起來好輕鬆就能達成。然而，那些能獲取像女神卡卡那樣登峰造極成就的人，都是靠勤勉不懈地訓練。這些人拒搭電梯，他們選擇老實地步步拾級而上。

天縱英才不費吹灰之力，輕輕鬆鬆即攀上頂峰，這類故事經常給人美妙的想像，但其真實性恐怕跟復活節的兔子差不多。事實上，這些人所做的，便是不斷重複枯燥的練習再練習，才為他們釋放出卓越的創造力。

以名為「女神卡卡」為人所知的史蒂芳妮・瓊安・安潔莉娜・潔曼諾塔（Stefani Joanne

Angelina Germanotta）於一九八六年三月二十八日，誕生於美國紐約的義大利裔家庭。之所以有辦法躋身明星的殿堂，並不光靠她天生的才華，更多的是她嚴格自律的態度。女神卡卡從四歲開始彈鋼琴，小女孩的兩隻腿都還夠不到鋼琴踏板，那時她便夢想有朝一日要成為明星。她在二〇〇九年接受倫敦記者採訪時說：「我一直都很有名，只是你還不知道而已！」她始終認為成功是理所當然的，這信念一直激勵她將自己的訓練和練習推到極限。

她誇張的造型和戲劇化的表演，或許看起來像個古怪、愛作怪的孩子，但卡卡其實一直非常勤勉地執著於打造她的音樂和品牌的各方面。成長過程中，她即花許多時間磨練技藝。她將一般童年慣常的樂趣拋在腦後，專心地學習鋼琴、演唱和跳舞，認真自律得像僧侶一樣。不練習表演技巧時，便研究各類時尚傳奇大師、舞台設計、編舞和視覺藝術家。她從各種怪異的組合吸取精華，從英國搖滾傳奇大衛．鮑伊（David Bowie）到古典樂的巴哈，從普普藝術代表人物安迪．沃荷（Andy Warho）到風格強烈的美國女歌手雪兒（Cher）。她兼容並蓄，從風格各異的藝術家身上吸收養分，再將他們的藝術理念交織成女神卡卡獨特的風格。

「要我老實說的話，我的創作過程就在一段大約十五分鐘左右的時間裡，把創意構想吐出來」，女神卡卡在二〇一一年網路紀錄片《卡卡的視界》（Gagavision）裡這樣說。「一切都發生在這十五分鐘裡，劇烈反芻想法和感受，再慢慢微調，有時只要幾天，有時需好幾個月或幾年。」正確來說，如果寫出一首女神卡卡的暢銷金曲總共要花五百個小時，構思形成的過程只占百分之零點五的時間，其他大部分時間都花在塑造和微調作品。而如果把這首最初她「吐出來」的構想譜成曲之前，所刻意練習的數千小時也算進去的話，這之間的對比會更明顯。

平庸和傳奇在一線之間，而那一步的差距，就在於勤懇不懈地精益求精。

有這樣一句話：所有偉大作家都有個共同點，便是初稿都很糟。爛書、還不錯的書，和銷量一飛沖天的書之間的差異，經常歸因於作者在精煉過程花了多少時間。作家若將想法很快地拋到紙上然後很快送印，出來的成果通常不會是最好的作品。相反的，最好的傑作會產自反覆不停地重複乏味、痛苦的精煉過程。

我們都知道反覆練習是在健身房鍛鍊出肌肉的必要過程，沒有人生來就有「六塊腹肌」。然而，講到跟創造力有關的事物時，大多數人都誤解了，以為那是固有不變的才能，其實創造力是可延展的技能。不管是哪種技能，反覆練習都會使其變得更加根深蒂固。

還叫史蒂芬妮的卡卡在十六歲時，跟知名的歌唱老師唐．勞倫斯（Don Lawrence）學習唱歌，這位老師指導過的知名音樂人包括比利．喬（Billy Joel）、克莉絲汀．阿格蕾拉（Christina Aguilera）、米克．傑格（Mick Jagger）。現在的女神卡卡，走下炫目的舞台後，還繼續跟勞倫斯老師不斷重複練習歌唱。二〇一七年時，她為了一場大型表演，在六個月前便每天跟著老師訓練。

直到現在，她還持續訓練，她的紀律和堅持叫人羨慕。為了體力能夠負荷，她一星期運動五天，做瑜伽、彼拉提斯和重量訓練。此外，每天都排出時間寫歌和排練。女神卡卡是密集、持續訓練下的產物，不知花了多少小時反覆練習。她達到每個「微創新大突破」，完美地熔接在一起，淬煉出受到廣大歌迷熱愛的超級巨星。用古希臘哲人亞里士多德的話說：「我們重複做什麼，就會成為什麼樣的人，因此，卓越並不是行為，而是習慣」。

我們常聽到人說，要養成一個習慣需要二十一天。把它倒過來，我相信如果我們能養成二十一個好習慣，我們每一天都能過得卓有成效。若我們養成的這些習慣都是刻意為想要達成的目的而設計，這些習慣累積起來就能得到了不起的成果。

老老實實的日常例行作業，跟燦爛奪目的演出可以說是天差地別。這些例行作業不會是最耀眼的時刻，而是沉悶的任務，完成它就是為了奪得最大獎。暢銷書作家賽斯・高汀（Seth Godin）說的恐怕最貼切，「許多人在感覺創意十足時都很有創造力，但唯有在沒有這種感覺仍能夠做到時，才能夠成為專業。」

我的創意儀式

我認為自己是個藝術家（希望大家都是），但在有些日子裡，我覺得自己一點創意也沒有。我偶爾會遇到心情起伏，所有藝術家也會。有些狀況好的日子，我覺得自己就是搖滾巨星米克・傑格，狀況不好的日子，我覺得糟糕得像八〇年代的對嘴假唱樂團米利萬尼利（Milli Vanilli）一樣。有好幾次我覺得自己的作品好丟臉，有好幾次我覺得自己像個冒牌貨，還有好些時候，我覺得根本不會有人關心我寫了些什麼。

懷疑會永遠如影隨形地跟著我們，但習慣能夠幫助我們重新振作起來。我發覺我採取的習慣儀式在狀況好的日子很有幫助，但在狀況不好的日子，卻是支撐我度過低潮的救生索。雖然每個人都應該養成自己最理想的訓練模式，不過我還是在這分享我的做法，希望能為讀者帶來參考作用。

如同前面提過的，「不可打擾的日子」已經變成我產出有意義創意作品的重要習慣。舉例來說，這本書有大半部分都是在「不可打擾的日子」寫完的。

除了像寫書、作曲，或是寫商業計畫案這類較大型的工作以外，我還會每天實踐一個短短的儀式，讓我的想像力常保活力。不妨把它想成是每天花五分鐘來維持創造力的完美體態。這個小小的儀式經過我多年的嘗試和修正，也加入了許多從別處獲得的靈感。每個星期我會實踐這個簡單有效的儀式至少五次，讓創造力保持生猛有勁。下面就是這個高階訓練儀式，後面會附上每個步驟的說明：

喬希的五分鐘創意操

① **集中精神深呼吸**（三十秒）
② **每日三問**（六十秒）
③ **灌輸靈感**（六十秒）
④ **創意健身操**（六十秒）
⑤ **精彩回放**（三十秒）
⑥ **戰吼**（三十秒）
⑦ **集中精神深呼吸**（三十秒）

這個儀式就是這樣，現在來逐一探討每個步驟。

・**集中精神深呼吸**：如同字面上的意思，能快速讓心定下來，保持專注的呼吸操練。這個概念是我從頂尖職業運動績效教練傑森・瑟爾克（Jason Selk）借來的，他在他的書《十分鐘變強術》（10-Minute Toughness）裡分享了這個技巧，做起來簡單，而且十分有效。先深吸一口氣六秒鐘，屏住氣兩秒，然後放開，吐氣七秒。傑森曾經指導美國大聯盟的投手實行這個技巧，幫助對方投出無安打比賽，我發現這是個開啟和結束五分鐘創意操的有效方式。

・**每日三問**：這是我從尼爾・帕斯瑞查（前面提過「不可打擾的日子」的發明人）那裡借來的。在開始每日的一切事務前，他會問自己三個問題：「對什麼事心懷感激」、「今天要專注在什麼事上」、「今天要把什麼事拋在腦後」。對這三個問題，我會按照直覺，用心中浮現的第一個答案快速回答。我給自己唯一的規則，便是不能連續三十天都重複同一答案，這能讓我專注在比較小型，比較具體可見的事上。例如，我不會感激身體健康（我是會的喔，順道一提），而會指名今晚計畫享用底特律風方形披薩上烤得酥脆的傳統義式辣香腸片。又，與其說要拋棄對他人的嫉妒心之類的宏大志向，我會把昨天坐飛機回家時，在機場等待安全檢查時的痛苦拋在腦後，諸如此類的答案。

・**灌輸靈感**：前面提到獲得靈感是強化創造力的重要因素，在這步驟當中，我純粹給自己灌輸六十秒的創意刺激，來活化思考。我通常會放一段爵士樂家約翰・柯川（John Coltrane）生猛的薩克斯風演奏，或魏斯・蒙哥馬利（Wes Montgomery）平靜流暢的吉他。有些時候，我會隨便選一段主題完全不熟的文章來讀。我建議從藝術獲取刺激的來源要有變化（我喜歡聽爵士樂，大家可以欣賞印象派畫家的繪畫，或觀賞動畫《南方四賤客》（South Park）重播），並從習以為常的世界觀以外，吸收不熟悉的素材。如果正在尋找新的靈感來源，不妨上網搜尋林曼努爾・米蘭達的「自由式愛情至上」即興表演團體。

・**創意健身操**：小時候我曾著迷《兩分鐘推理》（Two-Minute Mysteries）的書，每篇都短短的，大概只有幾個段落，文章最後會提出謎題，要讀者解謎。現在，我會以一段短短六十秒的開創性思考（攻擊型創新）或創意解決問題法（防禦型創新）。基本上，我會給自己一分鐘思考一個「謎題」，像是：「找出十一種非傳統方式使用一支筆」、「要如何對從沒看過牙刷的部落村民推銷牙膏」？把這些想成在鍛鍊創意肌肉前用來熱身用的開合跳，能更快進入鍛鍊。

・**精彩回放**：這同樣是從傑森・瑟爾克借來，經我改良的做法：在大腦的螢幕上回放一段三十秒的精彩片段。運動節目一般會播出前一天賽事的精彩片段回放，同樣的道理，只不過在腦裡播放的不是比賽，而是前一天的最佳表現。我會先播個十五秒鐘的精彩表現，再加上十五秒鐘想要成就的事項。這兩者——已經成就的事和想要成就的事——結合起來，在腦海跳躍出有力的畫面，幫助我形成前往日後成就的途徑。這項操練跟第一章提到過的創新神經可塑性有關，能夠在大腦裡打開新的路徑，解鎖我們的潛力。

・**戰吼**：戰吼是古代戰事的傳統，要預備衝鋒之前，士兵齊聲呼出精神口號，振奮整個士氣。我則會先寫下短短的宣言，然後大聲念出來。這是根據兩類人的核心特質，設計了這項操練。一類是「戰士」，戰士的特質是恆心、頑強、迅速恢復的韌性、堅持不懈和勇氣，而另一類是「藝術家」，特質是有創造力、想像力和開創性。

宣讀下列宣言，更能使我在理想的創意心境站穩腳跟：

戰士藝術家

今天，我要大展身手。
今天，我要全力以赴。
今天，我要做的是正確的選擇，不是簡單的選擇。
今天，我要學習、成長。
今天，我要朝最高標準看齊。
今天，我要迎頭接受挑戰，拒絕退縮或拖延。
今天，我仍要盡心幫助他人拿出最好的表現。
今天，我要釋放出大膽、有創意、別於傳統的想法。
今天，我會支持那些我最在乎的人。
今天，我會發現一件新事物。
今天，我要把自己推向更新層次，關注不同的事物和成就。
今天，我要展現耐心和同理心、恆心和毅力。
今天，我要變得更堅實、更剛強。
今天，我要做出可見的成果。

今天，我要讓世界變得更好。
今天，我就要採取行動。
今天，我是個戰士藝術家。

最後再做一次集中注意力的深呼吸，便準備好迎接我的創意力挑戰了。這個五分鐘的每日儀式，能幫助我抹去盤旋在心中的負面思緒（無論是關於什麼）。當然，大家得試驗什麼樣的訓練儀式對自己有用。要點在於，簡單的五分鐘儀式可以為創意成功打下基礎。

是的，一開始可能會感覺怪，總之萬事起頭難。暢銷書作家羅賓．夏瑪（Robin Sharma）會說：「所有的改變都是起頭難，中間一團糟，結尾最甜美」。好消息是，如果能反覆操練，提升創意技巧絕對是在掌握之中。

愛皮兒研發的果皮噴霧，為了要保護蔬果免於快速腐壞，同理，訓練機制也需要保護，免於想像力枯竭。就跟好吃的酪梨一樣，需要用強力的保護層來保衛固有的創造力。

為了達成「百分之五創造力升級」的目標，學習前人，照著他們的方法訓練是很有道理的事。從愛皮兒的珍妮．杜到林曼努爾．米蘭達，到班克西、女神卡卡、史蒂芬．史匹柏、史密斯飛船的史蒂芬．泰勒，從他們身上學習，建立培養創造力的習慣，將我們的能力放到最大。讓我們打造自主訓練的計畫，加入靈感「獲得」、「環境條件」、「反覆操練」等，會得到豐碩成果的條件，讓「微創新大突破」有如湧泉般源源不絕。

如果還想瞭解額外的訓練資源和技巧，像是工作表和團體操練等，可前往下方連結，查看更多：https://joshlinkner.com/toolkit/

現在，我們已經了解了創造力的學問，還有為什麼需要每天操練創新力，是時候把焦點從「為什麼」轉移到「如何做」了。

本書接下來的章節，將探討如何培養創意的技巧，並將這些技巧部署到生活和職涯當中。並將討論「日常創新者的八大心法」，來了解哪一種心態能幫助我們完全實現「百分之五創造力升級」。同時還要一探「創新工具箱」的究竟，學習實用又有效的戰術，幫助解鎖腦中新鮮的點子。

那麼，抓穩畫筆、薩克斯風、實驗室用具，或捏塑的黏土，大家的內心都有個寶庫，藏了很多難以想像的寶物。就讓我們一起來解鎖吧。

第二部分　日常創新者的八大心法

世界各地那些各色各樣的創新家，都在想什麼？做什麼？要怎麼樣實現有意義的「創意升級」，幫助提高事業和生活上的表現？應該做什麼以打造創造力，並發掘豐碩的「微創新大突破」呢？

現在，我們已經在第一部分打好了基礎，接下來，為了回答上述問題，接下來介紹什麼是「日常創新者的八大心法」。這些重要的心態有助於推動日常行為，提升創意產出，將像你我般的凡人拉抬到了不起的境界：

①愛上你的問題

與其貿然著手採用某種解決辦法，得先花點時間詳細研究和了解手邊的挑戰，專心努力解決問題這回事，而不是想要用某種方式解決問題。此外，要保持開放心胸，要有彈性，找出最適合的方法。

②不要等到準備好才開始

日常創新家會採取主動，任何時候都可以開始，不會等著給許可、給詳細解說，或等到條件都齊備了才開始。反之，他們會邊做邊修正，隨時視情況變動而調整，保持敏捷快速。

③建立試菜廚房

要是能先經過試驗，創新便會更加穩固，也更減少風險。建立可供試驗和探索創意的框架和環境，更多想法就能夠得到培養和最佳化。

④砍掉重練

扔掉「東西沒壞就別修」的過時概念，日常創新家反而要主動拆解、檢驗，並重建，以便交出更優質的產品、系統、流程和藝術的作品。

⑤選擇不尋常的路

日常創新家的習性通常是略過顯而易見的做法，而偏好一般人意想不到的。他們會探索非正統的點子，而挑戰傳統智慧。他們的嗜好是去發掘古里古怪，有時甚至是異乎尋常的構想，以便能得到更好的成果。

⑥善用資源：牙膏要擠到一點不剩

將牙膏擠到盡，這是用「少」去逼出「多」的策略。或許這違反直覺，但資源窘迫的境況才能催生創意突破。足智多謀和善用巧思，能在高級的創新勝負中成為強大的武器。

⑦莫忘來顆薄荷糖

就像讓口氣清新，加點小小的創意花飾，能為成果大大加分。一點點額外的愉悅，便能帶來新穎的發明、競賽的勝利，以及個別的成就。

⑧屢敗屢戰：跌倒七次，要站起來八次

意識到挫折不可避免，日常創新家會透過有創意的恢復力來克服災難。在創新過程中，犯錯是自然而重要的，如果能仔細研究並誠心接納錯誤，便能翻轉局面成為優勢。

接下來，我們要繞著地球跑，聽聽那些曾落於下風、喜好夢想、格格不入，和愛好創造的人的故事。藉由解構這些卓越創新家的信念和策略，將解密他們如何達成光輝耀眼的創意成就。

準備好了嗎？跟著我一起攪亂一池春水吧。

第五章　愛上你的問題

隨著不耐的情緒不斷升溫，查德・普萊斯（Chad Price）正瀕臨崩潰。他坐在破爛不堪的塑膠椅近兩個小時，腿痲木不已，然而還有十六個人排在他前面。螢光日光燈的蒼白照明，使得他的眼滲出淚，跟著同樣等候叫號、耐心也幾乎用盡的顧客共處一室，等候區的怒氣指數不斷上升。隔著兩排座椅，有個四歲小孩開始鬧脾氣，左邊則是名龐然巨漢，以邋遢的吃相吞下火腿起司三明治。同時，影印機過熱而散發的味道懸浮在空氣裡久久不散，熱氣使人難耐之至，這般等待的經驗使他覺得靈魂快要出竅。

想必讀者一定有過在汽車監理處辦事的痛苦經驗。在美國，長久以來，「去監理處辦事」名列一長串最糟糕顧客體驗名單的榜首，甚至超過廉價航空和有線電視公司。有人說，美國人寧願去給牙醫做根管治療，也不願上監理處一趟。

正當查德在公家機關的椅子上不耐蠕動時，他覺得一定有什麼更好的方法可以改善。為什麼去監理處辦事一定要這麼令人受不了呢？就在那時，查德「愛上了這個問題」。

在那次折磨人的經驗後，查德得知他居住地所在的北卡羅來納州，決定要把監理處營運私有化。北卡州政府會付一筆小額的交易費用，給勇於接下這巨大挑戰的營運商，來經營監理處業務。雖然身邊的朋友紛紛警告他，潑他冷水，查德還是決定接下這一團亂的官僚事業，看看他能不能做得更好。

純粹從經濟角度來看的話，這個問題似乎解決不了。一家監理處負責服務的特定地理區域，服務的顧客人數照理說是固定的。一般人都知道，經營之道就是要盡可能壓低成本，因為不管喜不喜歡，有需要就得上監理處辦事。畢竟，公家機關不會有競爭對手，再加上業務費用都是州政府的公定價，沒辦法藉由提高價格來供應更好的體驗。

查德完全明瞭成本上會遇到的難題，因此決定要將創意發揮到極限。他先不去想那些會面臨的限制，而是放肆地想像理想的監理處，該給人帶來什麼樣的體驗。如果說，來監理處辦事，能讓人感到就像到高級飯店，甚至是主題遊樂園，會怎麼樣？當他想這些時，他告訴自己得開上好幾哩去參觀其他監理處，看看是否會遇見理想中的監理處。「要是其他人也想要這樣做怎麼辦？」查德心想，「等等，要是不要執著在固定的市場規模呢？」

因為查德如此深入思考問題，因此，當他在北卡羅來納州的荷莉泉市（Holly Springs）開設營運點時，決定要將監理處改頭換面。最後使他的監理處氣象一新的，並不是某件特別的事，而是一連串「微創新大突破」的構想，使他能提供超乎想像的顧客體驗。

當來人走進這家監理處，會懷疑是不是走錯地方了？查德經營的監理處，一點都沒有冷戰時期的審訊室那種冷冰冰的感覺。一走進去，首先迎接的是現烤杯子蛋糕和法式濾壓咖啡飄來的香氣，接著，色彩繽紛的切花擺飾和鋪在地上的亮麗塊毯引人注目；在一角設置的兒童遊戲區，有玩具和遊戲，幾個小朋友在裡面玩得咯咯笑。這裡的工作人員，不是躲在防彈玻璃般的隔板後面，而是訓練良好地走出來招呼顧客，奉上暖心的微笑。進門後，只消在操作簡易的平板電腦上報到後，便可找張舒適的皮製座椅，找一本免費提供的種類豐富、書頁沒有翻捲起來的當期雜誌，坐下來仔細閱讀。這時，來人心裡恐怕會犯嘀咕，這是否是場惡作劇或是走進了影集《陰陽魔界》（The Twilight Zone）的某一集，因而忍不住四處張望尋找，或許有隱藏攝影機正拍下所有超現實體驗。

「還有人會專程開車一小時來我們這裡」，查德在我們開始對談時這麼說。在跟查德對談時，他無比熱切地分享他的故事，跟他講話就好像前面坐了一隻喝了三瓶蠻牛加上雙份濃縮咖啡的勁量電池兔子。「我們問自己，能不能吸引其他郡的顧客來這裡？我們能不能提供絕佳體驗，讓大家願意捨棄離他們比較近的兩、三家監理處，大老遠開車來我們這兒？」

查德的願景有別於一般經營之道，使他打造了別處沒有的監理處。顧客開始在他的地點自拍打卡，還有人專程進來點杯好喝的果昔，而不是更新行照！雖然說查德無法提高服務的價格，但他堅信良好的顧客體驗會提高來客數。他的顧客體驗不是只提高百分之三而已，而是暴增百分之一千，而他的營運成果非常驚人。

現在，查德．普萊斯在荷莉泉市的監理處的生意量，是北卡羅來納州境內任何一家監理處的近乎兩倍，他的盈利狀況也比其他保留官僚作風的監理處好太多。監理處是受到高度監理的環境，這裡要實施的規矩恐怕比中度戒備的監獄還多，但就算是這種地方，查德發揮創意，還是得到了絕佳的成果。

我們經常以為，才華洋溢的創意家都因為經歷了某個神奇的靈光乍現時刻。但，我們可以從查德．普萊斯的故事看到，最棒的創新者都是從密切研究問題好長一段時間開始，直到他們找出新穎的構想來解決問題。

「要愛上你的問題，不是解決方案」，從 Waze 導航行動軟體應用程式的共同創辦人烏瑞．勒凡（Uri Levine），到 Intuit 會計軟體公司的創辦人和前執行長史考特．庫克（Scott Cook），好幾位商業傳奇人物都這麼說過。要把創意發想的重心放在問題上，遠比放在任何解決方案上還重要。最具創意的心智不會同意妥協在一種答案，而是會繼續保有彈性，同時繼續著迷地研究他們想要解決的問題。簡單來說，花愈多時間檢視問題，找到的解決方案就會愈具創新力。

一直以來，我們都被教導要略過問題，應該要專注在尋找解決方案，要堅定不移地表現樂觀。唯有拿掉渲染成玫瑰色的樂觀眼光，深入去研究問題本身，才能找到對抗它的嶄新方法。

痛苦的監理處體驗，並不是查德破解的唯一問題。他的三十七歲姊姊身患某種嚴重疾病，查德身為唯一的照顧者，也察覺到姊姊去看病的醫療場域，也存在相當多問題。「我負責帶姊姊去看醫生，因為她現在跟我住，所以她所有的約診都是我帶她去的」，查德如此告訴我。「去看診，就是要等。我們會進到一個房間，先等，然後再進另一個房間，等候檢查。有一次，檢查室不知出了什麼問題，我們等了超級久，我覺得服務真是糟糕透頂。結果幾天後我接到他們的電話，他們出了一個差錯，我們得再回到診所，重新再驗一次血。這讓我想到我們去監理處辦事的體驗。」

查德一直是個稱職的問題愛好者，他決定要進一步做調查。結果發現，有兩百億美元產值的美國醫事檢驗產業由兩家巨頭所掌控：徠博科（LabCorp）和奎斯特診斷（Quest Diagnostics），數十年來，整個檢驗市場都被這兩家企業抓得緊緊的。查德想知道是不是能找到什麼方法可對付這些巨頭，就像他用創意翻轉了監理處業務一樣。

要進入醫事檢驗產業，聽起來好似愚人的賭注，查德沒有相關醫療產業經驗、沒有任何檢驗訓練，也沒有資本。就好像他要拿玩具槍去對抗機關槍一樣，他這隻小蝦米要對上兩條擁有無限資源的大鯨魚。查德了解彼此的差異，不過他還不急著跳進戰場，而是先把目光鎖定在想要解決的問題。

查德和後來跟他創業的好兄弟約書亞．阿朗特（Joshua Arant）跳上小卡車，開始一趟公路旅程。這對搭擋花了三個月的時間環遊全國，親自取得醫療檢驗的第一手體驗。他們去了很多檢驗診所，跟坐在等候區等得痛苦不堪的病患聊天。他們請檢驗師吃漢堡、薯條，聆聽他們講述各種超級無效率和士氣低落的故事。在無數次被人趕出醫師診間之後，兩位夥伴終於說服了幾位醫師公開他們跟檢驗所打交道時遇到的慘烈經驗，包括時間延誤、結果不準確、費用超收等。

他們花了幾個月的時間，完全沉浸在問題裡面，從各個可能的角度來研究這個產業的問題，之後，這對搭擋便決定準備好開設自己的醫事檢驗公司。「業界已經有兩條巨鯨，」查德邊說邊露出一抹得意的微笑，「如果他們是巨鯨，我們就是鯊魚。」為了鞏固他們的鯊魚意象，查德把公司命名為鯖鯊醫學公司（Mako Medical），是時候鯊魚要出動狩獵了。

查德對這個產業種種問題現況所做的縝密檢查，最後為他帶來一連串「微創新大突破」

的構想。查德說明：「我們列了一張清單，上面寫了競爭對手所做的每一件事——真的是『每一件事』喔，然後挑戰自己，要做得跟他們完全相反」。

業界慣用的標準，是檢驗結果要七天內出來，鯖鯊醫學就想辦法在二十四小時內交出結果。傳統上，交通和物流都是外包給業者去做，為了反其道而行，鯖鯊醫學投資了車隊，每輛車的車頂都裝了醒目的鯊魚鰭。沉睡巨鯨交出的檢驗報告，都是制式格式，鯖鯊醫學的報告則可為每位客戶客製化。

「他們的業務人員都穿西裝打領帶，所以我們決定公司的成員要穿手術服。不管哪一天，不管哪個職位，執行長還是清潔工，每個人都穿手術室裡會穿的手術服」，查德告訴我。「他們是上櫃公司，我們是私人企業。他們賺到的利潤會回饋給股東，所以我們設定目標，要回饋給當地慈善事業、退伍軍人機構，以及宗教性非營利機構。」

「鯖鯊醫學挑了幾家慈善事業作為回饋對象，我們承諾要幫忙資助這些機構。要是我們生意變差，受影響的是承諾要幫助的機構，」查德解釋給我聽：「成立這家公司，我們從來不是為了要賺錢買大房子或拉風跑車，而是想幫助視力有障礙或行動不便的人建立一點東西。」

不意外的，挑戰數十億美元身家的大企業並非易事。一開始，他們公司只能勉強掙扎著生存而已。查德回憶道：「不知有多少天我們熬到半夜，連續好幾天工作二十個小時。有些天，甚至連睡都沒睡，每一天都當成像沒有明天般努力到不行。第一年真的非常辛苦，第二年，還是非常辛苦。我們一星期工作七天，零支薪。一直等到第三年，公司才真正獲得市場動能，而公司景氣就是在那時開始起飛。」

他們真的是起飛。二〇一七年，鯖鯊醫學成立不過三年光景，就已賺到九百二十萬美元的年營收。到了二〇一八年，查德仍舊負責掌舵，年收已經增長到一億二千五百萬元。二〇二〇年的時候，公司的營收將達到兩億美元。

帶著好奇心去接近燙手的問題，先是監理處然後是醫事檢驗，查德．普萊斯先後創立了兩家成就非凡的公司。可想而知的，愛找問題的查德．普萊斯只是剛開始而已。

「身處醫療產業，沒有一天沒聽說過誰誰誰負擔不了醫藥費，」查德談到他近來感受的挫折，一邊皺起眉頭，「為什麼得大老遠跑到加拿大才能買到負擔得起的藥？這沒道理。」

「讓我再也看不下去的，是一位心臟科醫生說的安寧照護病人的故事。安寧照護接受的是進入臨終狀態的病人，這些機構的收費是一天兩百塊。很多安寧照護的病人都必須使用藥物，但藥費很貴，機構沒辦法持續為他們投藥。結果，很多臨終病人無法服用迫切需要的藥物，而開始出現其他併發症。他們肺部積水，使他們感覺好像溺水一樣。這些病人因為幾近臨終才住進安寧照護機構，但高昂的藥價卻大大影響了臨終的品質。」

查德繼續說：「當我發現那些藥的製藥成本根本非常低廉時，我跟自己說：『我一定要打破這種現狀，我要當頭迎擊美國那些大型製藥廠。』我發現，如果能拿掉環節中各種沒必要的加成，美國有數千種藥物根本只要一分錢就能買到。所以說，安寧照護病人需要的藥物，我能以一星期低於一美元的價格提供。」

查德先是攻克了監理處，接著是醫事檢驗服務，都是因為他在這兩個領域裡遭遇令人沮喪無比的經驗。現在，他又接近了另一個核心問題，正要研究製藥業。二〇二〇年年初，查德．普萊斯創立了他的新公司：鯖鯊藥局（Mako Rx）。「我最早並沒想過要走製藥或醫事檢驗這一行，老實說，我可以想到十種其他更想做、也更有趣的行業。但這些都是真正令人頭痛的問題，如果能夠改變，就能夠正面影響數以百萬計的人。」

查德帶著成立鯖鯊醫學時相同的好奇心，開始研究藥的問題。他把自己沉浸在製藥產業裡，試著解碼從製藥到配銷這個不透明的過程。他將全美每一項處方藥列成清單，追蹤這些藥品的成本和後續在價值鏈上每一階段加成的加價。當他發現每顆要價兩百美元的藥物，製藥成本卻只需要十美分的時候，他感到非常生氣。在仔細研究過製藥界的問題後，他才曉得消費者拿到藥品前，會遇到的加成點很少不超過十個。「如果說過程中只有兩次加成呢？」

他想。如果他能解決這個問題，那麼病患在面臨是要繼續注射胰島素、還是要把錢省下來餵飽孩子，這樣令人心碎的抉擇，就可變成遙遠的回憶了。

他不屈不撓，憑著有如街頭鬥士般的毅力，花了好幾年仔細研究，現在都有了回報。鯖鯊藥局的營運已經上軌道，他們提供客戶非常大膽的方案：每月只要二十五美元的訂閱制，即可獲得超過三百種一般藥物的無限供應，不再收取「任何額外費用」。如果客人需要的藥品不在這個清單範圍內，所付的價格也遠低於一般零售價。

查德跟別人有什麼不一樣？為什麼家裡的三姑六婆只會整天抱怨個沒完，卻從不從碎花沙發起來去解決問題呢？像查德這樣的創新家能夠真正去解決問題，而不是一直抱怨，因為他們面對致力要解決的問題有兩種心態：「信念」和「同理心」。

當查德遇到令人崩潰的情況時，他會把沮喪情緒扭轉成行動，因為相信他能夠改善那些問題。不過，要是傾盆大雨毀了星期天下午的沙灘排球賽，我很確定查德會生氣，但不會就這樣開一家天氣預報公司。日常創新家永遠都在留心各式問題，但會吸引他們的，會是相信他們能解決那些問題。

在我前一本書《駭客與創新：來自黑暗駭客世界的新成長模式》（Hacking Innovation: The New Growth Model from the Sinister World of Hackers），揭露了惡名昭彰、具有高度創意力的

網路罪犯，有著什麼樣的核心理念。無論安全系統看起來有多堅不可摧，駭客堅持每個障礙都可以穿透。正是這個信念給予他們勇氣，去嘗試最困難的駭客冒險。

無論有多複雜、風險有多大，又或是成功的機率有多小，查德跟他相信他能夠挑戰的問題發展出戀愛關係。查德努力揭開問題的黑幕，也因此能夠找到問題的弱點。就如同創業家瑪莉・佛萊奧（Marie Forleo）的暢銷書《凡事皆有出路》（Everything Is Figureoutable）的書名：凡事皆有出路。

除了相信手上的問題可以解決之外，查德還具有同理心，幫助他找到威力持久的各種突破。進行創新的時候，察覺他人感受和情緒的能力是非常珍貴的資產，《消費者研究期刊》（Journal of Consumer Research）的新研究如此證明。

康乃狄克大學的凱莉・赫德（Kelly Herd）和伊利諾大學的拉維・梅塔（Ravi Mehta）兩位行銷學教授，曾研究同理心會如何影響創造力。他們找來兩百多名成人參與研究，要求參與者為孕婦設計她們想吃的薯片。一半的參與者將利用邏輯和認知的技巧來發想，另一半的人則利用同理心來引導構想。使用同理心的那一組人，接到指示要他們閉上眼睛三十秒，想像孕婦在孕期會經歷的各種不適，在吃零食時會有什麼「感受」？

兩位教授請來專家擔任評審團來評斷這些構想，結果，採用同理心那組的表現大大超越採用邏輯理性的那組。這個簡單的三十秒鐘同理心操練，讓該組組員想出很多奇妙的口味，例如「酸黃瓜加冰淇淋」，這是很多準媽媽孕期想吃的東西。其他得獎的構想還包括「壽司配芥末」和「準媽媽可以喝的瑪格麗特調酒」，由於懷孕期間會有避開生魚片和酒精的建議，因此她們可能會渴望這類口味。

「很多人都被告誡應該要保持客觀，『你是專業人士，你要具備客觀態度，不要陷在情緒裡面』，」赫德教授如是說道：「但我們發現，同理的過程竟然能引發更多創造力。」她繼續說道：「研究結果顯示，同理心會改變人的思考方式。我們利用產品設計般比較狹窄的脈絡，從中看出，想像其他人如何感受，這類屬於比較微妙層次的心理，能夠對創造力產生很大的刺激。」她總結道：「引發同理心，有益於將創造力發揮到最大。」

查德則是把同理心和信念兩項強大的條件，同時帶到他的戰場上。有了這些特質，再加上他專注於找出看到的問題，然後加以拆解、檢驗，使得他得以創立三家成功的事業（還在增加中）。

美國人小時候可能都玩過「熱還是冷」的遊戲：先有人把物品藏起來，假設那是個黃色的溜溜球，其他人要用問問題的方式把這件物品找出來。負責藏東西的人只能用「你越來越熱了」或「你越來越冷了」來表示找的人正靠近還是遠離那件物品，直到最後有人猜出溜溜球的位置。

「東西是在廚房嗎？」——**你越來越冷了**。

「東西是在車庫嗎？」——**你越來越熱了**。

「東西是在儲藏櫃裡嗎？」——**你快燒起來啦！**

當追尋「微創新大突破」的時候，愈接近問題本身，便愈接近創意的大發現。當找到引起麻煩的痛點，創新也就在不遠處了。

「這是個沒什麼大不了的小問題嗎？」——**你越來越冷了**。

「這是個真的會惹怒我的事嗎？」——**溫度開始升高了**。

「這是個非常普遍、到處都看得到，而且非常棘手的問題嗎？」——**你快燒起來啦！**

每件成功的創新——不管其規模微小還是龐大，其根基都要有等著解決的問題。從查德・普萊斯的故事可以學到，我們必須研究並深探每個問題，才能發掘最有效的解決辦法。

是什麼樣的源頭事件導致問題發生？如果最初的問題獲得解決，會有什麼新問題浮現？如果明天就能解決問題的話，誰受到的影響最大？

要擊敗問題，就要先沉浸在問題裡面

萊恩．歐尼爾（Ryan O'Neill）是旅遊預訂服務網站智遊網（Expedia）客服部的主管，他很震驚地發現高達五成八的客戶，在網站上預訂完成後，會致電他們的客服。別忘了，智遊網理應是個自助式的數位平台才對。客服部過度專注於減少來電量，以至於沒有停下腳步檢討，要用什麼方式才能徹底解決客戶致電的問題。為了改善這個狀況，萊恩從不同部門找來一組團隊，在公司裡成立了「戰情室」，讓他們能沉浸在這問題中。

團隊想要找出客戶致電客服的主要原因，他們調出數據，訪談客戶和客服中心的同仁。透過大規模調查，結果發現，客戶打電話進來的頭號原因是想取得預訂旅程的行程表。光是在二〇一二年，就有超過兩千萬通電話為了這個打進來。智遊網處理每通客服電話的成本，大約在五美元，所以團隊面臨的是每年要花掉一億美元的大問題。

一眼看上去，行程表應該不成問題才對，因為智遊網會自動產生旅遊行程的電子郵件寄給客戶。但，如果都已經寄了電子郵件，為什麼客戶還會打電話來呢？團隊把他們自己沉浸在問題裡，發現有時候客戶在預訂流程中，會打錯電子郵件地址；有的時候，旅遊行程表跑到垃圾郵件匣、或不小心被刪掉了。

萊恩的團隊花了大量時間研究這個問題後，解決方案才隨之成形。等到他們真正完全了解了這個問題，才找出兩個「微創新大突破」，順利地解決挑戰。首先，智遊網先在網站上加了一個非常醒目的按鈕，點一下，客戶即可以輕鬆擷取所有的旅遊詳情。接下來，只不過是在客服電話的語音應答中加上一句：「要重寄您的行程表，請按二」，一切便有了大大的不同。等到他們實施了這兩項簡單的修正後，客服中心的來電量一下子從五成八銳減到一成五，不僅為公司省下了數百萬美元，也提高了客戶滿意度。

當我在調查問題的時候，喜歡把自己想成正在查大案子的偵探。犯罪影集《法網遊龍：特案組》（Law & Order: SVU）裡的奧莉薇亞．班森（Olivia Benson）警官會如何探案？《CSI犯罪現場》的吉爾伯特．葛瑞森（Gilbert Grissom）會如何把證據拼湊起來？

為了學習調查問題的最好方法，我特別去找了美國聯邦調查局反恐專家和資深探員「傑克．鮑爾」（Jack Bauer）。當然，他不是真的叫傑克．鮑爾，調查局並不希望書裡出現任何實際擔任探員的人物，因此姑且將他稱為傑克．鮑爾，以保護他的身分。這位有十年經歷的資深聯邦調查局探員，可說是真實世界裡的「傑克．鮑爾」——由艾美獎得主基佛．蘇德蘭（Kiefer Sutherland）飾演，熱門影集《二十四小時反恐任務》的主人翁。

從他那裡，我學到好的調查的第一步，是要抗拒內心如猛獸般強烈，希望盡可能早一點解決案件的渴望。「菜鳥常犯的錯誤是太快跳進結論，」鮑爾探員以一種如鋼鐵般的信服力這麼跟我說：「顯然就像是嫌犯的人，並不表示真的就是他幹的，一切取決於『認為』發生了什麼，跟『知道』實際發生了什麼之間的差異。」

聯邦調查局的慎重調查流程，使其案件破獲率高得驚人。二〇一九年，有高達九成的聯邦罪被告都在審判前認罪，面對被查出如山般的鐵證，他們曉得逃不了。至於那些實際進入審理的案件中，不到百分之一的被告真的能夠贏得無罪判決。

聯邦調查局的勝率之所以那麼高，是因為他們會先花時間研究犯罪案件，搜集事證，然後才會一舉投入逮捕。每件調查都先從評估階段開始，團隊成員會盤點他們已知哪些事情、以及不知哪些事情。也會檢視當時情況，提出基本的問題，像是：「已發生了哪些事？」、「我們眼前已經有了哪些資訊？」

初始的評估階段之後，下一步便是蒐集證據。在犯罪現場，優秀的鑑識員會從各個角度檢查現場。現場可能遺留有實物，如彈殼、血跡，或破碎的窗戶。調查犯罪現場的人員，會指出現場有哪些事物，用照片、圖解和影片把他們的發現記錄下來。床頭櫃上的指紋、浴室遺留的毛髮，以及後門廊的血腳印，統統都會分門別類納入證據當中。

厲害的偵探，還會留意到現場缺了什麼、或有什麼不對勁的地方。如果說前門未遭強行破開，那麼兇手或許是被害者認識的人。車庫若是空的，調查員或許會研判兇手是駕車逃逸。如果是一起搶劫失手殺人，那為什麼被害者的勞力士黃金鑽表還留在一眼就能看到的梳妝台桌上？

「這個階段有很大一部分是要找出缺了哪些訊息，接著要建立計畫去找出這些訊息，」鮑爾探員解釋道。在這時，調查員可能會查電話記錄、銀行對帳單，或調查監視記錄尋找嫌犯。

透過詳細研究犯罪，鍥而不捨地提出各式問題，調查員一步步找出更多線索，使證據具體成形。實體證據都收集以後，調查員開始在區域內徵求目擊證人。被害人有男友嗎？被害人周邊找到的毒品是誰提供給的？她是否欠賭債沒還？在訪談目擊證人並偵訊利益關係人物之後，事實走向便會浮現，填補實體證據沒辦法解釋的空白。

只有當實體證據和證人的證詞順利匹配之後，調查才能夠進入下個階段：把各個片段拼在一起，讓結論成形。不妨想想看常在謀殺推理影集看到的，探案人員在檢查了某個高度嫌疑犯的不在場證明之後，新的波瀾又起，使得案件指向另一個令人意外的兇手。直覺並不能找到真相，而是靠受過訓練的探案過程，將所有事實都查驗過，才能形成結論，辨明真相。

亞瑟．柯南．道爾（Arthur Conan Doyle）最受歡迎的福爾摩斯故事是收錄在合集裡的短篇〈銀神駒〉（The Adventure of Silver Blaze）。福爾摩斯在調查誰偷了得獎賽馬的時候，其他人很快下定論，認為一定是某個陌生人偷了馬。不過，福爾摩斯找了負責管理馬廄的馬倌談話後才發現事實，使得這位名偵探以出人意料的方法破案。在福爾摩斯跟馬倌談話時，平日住在穀倉裡的大狗安安靜靜地躺在角落。福爾摩斯緊迫盯人，要求馬倌描述賽馬遭竊那一晚發生的所有事情，對方堅持狗並沒有吠。

福爾摩斯說：「我已經掌握了這條狗安靜無吠的重要性，從這點可以推論出不會錯的事實……顯然，那位夜半時分的訪客是這條狗熟識的某位人士。」最後，福爾摩斯推理出偷馬的竊賊並不是什麼陌生人，而是這匹馬的訓練師犯的案。福爾摩斯之所以能找到並逮補竊賊，是因為他先謹慎檢視問題和線索，才下結論。

所有證據都齊集之後，有經驗的調查員會先測試他們得出的結論，然後才會帶到法庭上，這道理就像洗衣精公司會先將他們的三重亮白潔衣精做小範圍的市場測試，然後才會在北美的每一家沃爾瑪（Walmart）量販超市上架一樣。「我們會諮詢檢察官、律師和專家，從他們身上得知有沒有漏洞需要補起來，才能夠讓案件滴水不漏」，鮑爾探員為我解釋：「我們的定罪率會這麼高，都是因為調查員探案非常嚴格。如果都是憑預感或直覺，那麼成功率就跟擲硬幣差不多。」雖然他們嚴格注重事實，成功的調查還是需要創意。鮑爾探員說明：「問題解決是我的專長。好奇心和創意都是在執法界出類拔萃所需要的頭號必備特質。收集資料只是工作的一小部分，這個工作具有藝術性的部分在於要會解讀訊息，發揮創意去搜尋證據，然後將支離破碎的訊息拼湊在一起。」

成功的調查員會迷戀犯罪中的每一項細節，絕不放鬆，直到犯罪者被關入牢籠。換句話說，他們愛上了他們的問題。讓我們來試驗這種方法，看看有創意的領袖如何迎擊世界上最棘手的兩項挑戰：減少前科犯的再犯率和貧戶區兒童的畢業率。

奮鬥的機會

卡利．史威尼（Khali Sweeney）在底特律暴力和犯罪問題最嚴重的地區長大。一出生即遭到父母棄養，待過無數寄養家庭，住不了多久就被換到下一個，就這樣從一個又一個寄養家庭中度過格外不快樂的童年。跟凱瑟琳．霍克（Catherine Hoke）的挑戰人生創業教育事業幫助過的許多人一樣，卡利的成長可用幾個字眼來形容：貧窮、輟學和犯罪。眼前根本沒什麼選擇，未來看似一片灰暗，卡利念完小學六年級以後便輟學，加入底特律的街頭幫派。等到他長到十六歲時，已遭受過一次槍傷和一次刺傷。

二十歲的時候，卡利聽到朋友隨口一句「我們認識的每個人，幾乎要不是死了就是在蹲監牢」，剎時使他警醒過來，這句話好巧不巧，正是他所需要的當頭棒喝。在那個當下，他決定要為自己的未來擔起責任，要為自己和年幼的兒子打拼正當的人生。由於他沒有受過正規教育，也沒有任何值錢的技能，他接下每一種找得到的勞力工作，試圖翻轉他的人生。整整十年的努力工作，加上後來的犧牲，卡利成了誠實納稅的負責公民。

卡利極有可能落得牢裡蹲、或變成屍體送進太平間的命運，他周遭有許多人都是這樣。現在，他成了改頭換面的人，想要幫助其他命運坎坷的孩子翻轉人生，但是，像他這樣沒受過教育，也沒有資源或奧援的人，要怎麼幫助貧戶區的年少孩子呢？

底特律市內有個郵遞區號「四八二〇七」的地區，曾被聯邦調查局列為二〇一三年全美最危險鄰里的前三名。研究顯示，在這個地區裡，七人中有一人一年內有機會淪為暴力犯罪的受害者，而這裡的高中畢業率，常年盤旋在難看的三成七的水準。

卡利回想起過去，他很喜歡過去曾在當地青少年機構學習拳擊的時光，學習拳擊賦予他力量，也學到了紀律，這在日後想要改變人生時派上了用場。由於他本人非常接近這個問題跟他自己的解決方法——這兩個歷程都是親身經歷！因此，他有辦法解鎖有力的新構想。二〇〇七年，卡利．史威尼在他長大的同一個破敗社區開了下城拳擊館（Downtwon Boxing Gym）。

外表是會唬弄人的，雖然招牌叫拳擊館，但事實上他成立的是非營利組織，要幫助生活在高風險環境裡的孩子走上正軌。拳擊純粹是要吸引孩子走進大門，他們必須先跟一位家教老師在後面的房間上課一至兩個小時後，才能上擂台學習拳擊。那些生活裡沒有任何依歸的孩子，現在一星期裡有六天來到拳擊館，學習讀寫、算術和個人發展。有些孩子還沒踏入拳擊館上課前，從來沒聽過任何人對他們說：「我相信你做得到」或「你可以選擇過一個識字者的人生」。

拳擊館的名聲漸漸傳開，卡利遇到了新的挑戰。拳擊館所在的建築物已破敗不堪，難以容納候補名單上數百名慕名而來的孩子。為了解決這個問題，卡利去找企業和慈善家募款，最後成功募到了資金，讓他順利擴大規模。要如何去拳擊館則是另一個大問題，因為大部分的學生都沒有可靠的交通工具可搭乘。夏天裡走上一兩哩對孩子來說大概算不了什麼，可是底特律在一月時會下大雪，這可就是很大的障礙了。為了解決這個問題，卡利說服底特律的汽車公司捐贈車輛給他們。現在，他的拳擊館有一組小巴車隊，每天下午會開到各鄰里，為孩子提供安全且免費接送服務。

「每個孩子都應該得到奮鬥的機會，」卡利在我們二〇一二年第一次見面時這麼說，貧窮和輟學會使人處於弱勢，他自己就親身嘗過這些苦楚，而他相信自己能帶來改變，就是因為這樣，他採取了有創意的做法，而成效極佳。在他的拳擊館半徑三哩內的高中畢業率依舊慘兮兮，但是來參加卡利的輔導課的孩子，畢業率是百分之百！連續十年下來，那些學生都百分之百從高中畢業！

二〇一七年，美國有線電視新聞網CNN將卡利．史威尼選為他們的年度十大「平凡英雄」，吸引更多人注意到他在底特律做到的了不起的成就。今天，卡利仍舊在同一地區工作、生活，他選擇繼續沉浸在問題裡，繼續打拼、克服問題。

好，現在已經看到跟問題談情說愛可以如何引領人走向突破，不管是小是大，我們準備好要去檢視下一個日常創新家執迷不放的事物了。等一下，我們要來一起了解這個「不要等到準備好才開始」的原則，如何顛覆嬰兒照護產業，以及在高度競爭的電子商務世界裡，小蝦米如何贏過大鯨魚。

第六章　不要等到準備好才開始

火箭引擎發出震耳欲聾的噪音，熱切的群眾興奮地盯著，眼前的發射站開始噴出滾滾濃煙，地面像個拒絕關掉的舊式鬧鐘一樣震動個不停。「三、二、一，發射，飛向宇宙，浩瀚無垠！」（這是迪士尼動畫電影《玩具總動員》巴斯光年要起飛時會說的經典台詞）

嚴格來說，這是美國太空總署二〇〇八年代號 STS-124 的太空飛行任務。不過，對於世界各地的廣大迪士尼粉絲而言，這是巴斯光年真的要飛進太空的時刻。這個長約三十公分的太空人玩偶，要跟著太空人「搭乘」太空梭進入國際太空站，參與為期十五個月的發掘任務。

有一個名為鄧肯．沃爾鐸（Duncan Wardle）的人，他將巴斯光年送進太空後，其實並不知道要怎麼讓這尊玩偶回到地球。鄧肯在當時任職迪士尼創意總監，正是他說服太空總署同意，讓他兒子的這尊玩具像個偷渡客一樣跟著太空梭進入太空，但沒想到他們並沒有制定回歸計畫。

鄧肯為我說明接下來的事情：「我不曉得要如何把巴斯送回來，便打電話給太空總署對外溝通的負責人，我說：『你們什麼時候要送巴斯回來』，電話另一頭突然一片沉默。對方停頓了好長一段時間，才告訴我這並不包含在他們簽訂的合約裡，他們的太空人返回地球前，會先將巴斯和其他不重要的物品拋棄到太空中。我不能讓這種事發生，所以就威脅他說要放消息給國際媒體，說美國太空總署要讓巴斯光年在地球大氣層裡燒成灰燼。」

他急中生智說出的一句話，奏效了。隔年，巴斯光年順利回到地球，人類史上首次登陸月球的阿波羅十一號太空人巴斯．艾德林（Buzz Aldrin）和其他名人來到佛州奧蘭多市的迪士尼世界，參加歡迎巴斯光年回到地球的盛大彩帶遊行。幾個月後，這尊上過太空的巴斯光年玩偶，正式捐贈給華盛頓特區的史密森尼國家航空太空博物館（National Air and Space Museum）作為館藏，當然，為它舉行的慶祝儀式自然是星光雲集。

鄧肯．沃爾鐸讓我聯想到華德．迪士尼（Walt Disney）本人，他流露出孩童般對事事都感到驚奇的態度，使我也好想拿起筆來畫漫畫……還好我沒畫，因為他給我看了幾幅當天稍早畫的插畫，嚇死人地好！順帶一提，我連火柴人這種最簡單的線條畫都畫不好。下巴留著修剪清爽的鬍鬚，再加上迷人的英國口音，鄧肯的外表掩蓋不了他的熱情。要領導世界上最有創新力的公司的創意部門，鄧肯可以說是身體力行了日常創新家執迷的第二項原則：「不要等到準備好才開始」。

「我在迪士尼工作的三十年間，專門挑那些沒把握會否順利完成的事去做，」鄧肯這麼告訴我，「我事前並沒有跟當事人談過，就要在迪士尼世界的美國小鎮大街建造一座奧運規格泳池，讓奧運金牌名將費爾普斯（Michael Phelps）游泳。我在還沒跟美國國家美式足球聯盟的任何人接觸前，就設計了一場超級盃中場秀。」

像鄧肯那樣的創新家，不會等誰允許或任何指令才會動作。他們不會等到所有條件齊備，反之，他們會立刻採取行動，邊做邊弄清楚眼前未知的情況。他們相信主動出擊會比較好，不用先做詳盡計畫，他們仰賴的是邊做邊修正方向的能力。那些成效卓著的創新家——無論規模是大是小，都是還沒準備好就開始行動。

我們在第二章提過馬特．伊什比亞，也就是聯合海岸房貸公司西裝筆挺的執行長。談到他的哲學時說：「大部分人都會這樣想：『我這次一定要做對，我要先估量個十二次然後一舉成功。』假設那樣做要花六個月，我們則省略它馬上跳下去作。在那六個月的時間裡，可以做四十次不同的嘗試，像我們這種馬上跳下去的，頭幾次的嘗試結果大概都不會很好，但就是不斷修正，等到六個月以後，我們已經超前那位等待一舉出擊的人了。我都跟我們員工說，要就要立刻開始，做下去以後再來想。」

三百萬還是一美分

如果讓人選擇，會選擇現在就拿三百萬美元，還是連續三十天雙倍成長的一美分？當研究者向參與研究者提出這個問題時，無數人都毫不猶豫選了三百萬。如果直覺是趕快拿到現金比較好，那麼，我們來檢視看看會錯過什麼。

就算是每天雙倍增加，這枚微不足道的一美分一開始增加得很慢。過了一星期，這筆錢只有六十四美分。但等到第三個星期再來看，大概會恨自己會什麼要選這一個，因為金額只有一萬零四百八十五點七六美元。但複利率考驗的就是能不能在遊戲裡撐得夠久，時間越長，複利率的威力就越龐大。第二十八天的時候，手上已經超過一百三十萬美元了。第三十天，等著目瞪口呆吧，這時候的金額已經達到五百三十六萬八千七百零九點一二美元了。

複利率跟創新一樣，一旦真正動起來就會威力驚人。純粹出於好玩，我們再做一次相同的實驗。這次，把這個賭注想成是一個構想的價值，而不只是一筆金額的數字。假設等了十天才開始啟動一個構想，雖說這個構想比最初的一美分構想好上百倍。十天聽起來很短，比之前好上百倍是一美元，感覺獲利很巨大。但這個長足進步的構想，敵不過時間所帶來的豐沛價值，等到第三十天，這個更加優秀（雖說只是晚了一點拿出來）的構想只會值一百零四萬八千五百七十六美元。

如果醞釀了一個真正殺手級的點子，等得再久了一點才拿出手，相較於前面等十天拿出比之前優秀百倍的點子，把數字換成是等十五天，拿出比之前優秀萬倍的點子。一美分的一萬倍是一百美元，就算起跑點已經比之前好上萬倍了，但成效仍舊會被白白的等待給削弱。因為到了第三十天，構想價值只會漲到三百二十七萬六千八百美元，比從第一天就投入一美分，還要短少兩百萬美元。這裡可以看到，就算是優秀萬倍的點子，晚兩個星期起步所得到的最終成果，會比立即起步差三成九。把這個情境想成是創新的複利率，快點起步，邊走邊調整，會遠遠優於等待一切條件都對了才開始。記住，起步點不過是一美分，這個金額可以說小到不能再小，簡直俯拾皆是。當微小的「微創新大突破」能夠快速地動起來的時候，它會壯大到令人吒舌的規模。

是的，我沒有忽略這個比喻的缺陷。譬如說，卓越和平庸的構想相比，前者價值升高的速度可能會比後者快，甚至最後超過比較早發動的平庸構想。但我想說的重點，並非計較實驗的精確程度（或不夠精確的程度），而是想要指出，一個構想的最終價值，跟多快付諸實踐直接有關。

為什麼會等

如果說還沒準備好就該開始那麼重要，為什麼大部分人都還是會等呢？幾個打得很緊的結纏在一起，如果用蠻力撥開，很可能會挫傷大拇指的指甲。不過，這就跟綁鞋帶時不小心多綁了難纏的結一樣，只要多拉動幾下，很快就會鬆開。

開始動手的最大障礙，便是需要花費的努力，感覺似乎……嗯，太多了些。要是有個新計畫令人卻步，我可是個找理由大師，想方設法不要開始。星期四時，我跟自己說：「現在沒感覺，而且昨晚不小心多喝了一杯」，好吧，等到星期五，我還是說：「現在沒感覺……但我昨晚根本沒喝酒。」事實上，要打破這種無動靜的僵局，就是先動起來再說。

以我來說，我發明了一套簡單的方法，姑且稱它為「十五分鐘魔術」（這名字真有創意，對吧？）當沒心情動手新的計畫，或重拾中斷的計畫時，我會給自己十五分鐘，容許自己承認現在不想動手。如果時間到了，還是沒有動力，我會毫無罪惡感地把工作放下，之後再來處理。但多數到最後卻會變成我在這段時間養精蓄銳，等到計時器鈴聲一響，已進入狀態。如果偶爾覺得卡卡，或懶散、煩躁，或不敢面對，不妨強迫自己利用一小段有限的時間沉澱一下，這能夠給予自己稍後再繼續下去的能量。

我們人生中接收到的各種「指示」——無論是正式或非正式的，也會妨礙發揮主動的能力。所謂的「多次事前評估有助於一次到位」，如果要在建築工地灌漿，這樣做則有道理，但講到跟想像力有關的事物，理想做法恰恰與之相反。我們在下一章會談到跟實驗有關的內容，不過這句話在現代世界應該改成：「嘗試兩次，評估兩次，再繼續嘗試」。要盡快開始，以數種版本同時測試同一構想，然後根據實驗的結果來調整做法，這樣才會得到比較好的結果。了不起的創新家，無論其規模或形式，都是很快就起步，接著一路進行測試和調整。

沒錯，恐懼是各種拖延之祖。多年來，我為數不清的各種延誤找理由，然而真正拖住我的，則是在耳邊用各種可怕後果悄聲恐嚇我的心魔。沒人喜歡失敗、挫折、出醜或誤判，如果讓這些擔憂扯後腿，便等於容許恐懼占上風。要征服心裡這隻恐懼怪獸，並不需要像漫畫裡超級英雄那般勇敢，反而該做的是尋找創意做法來降低開頭的風險。

大學時期，為了體驗正職樂手的艱辛，我積極爭取每場可以演出的機會。有時候會收到我實在不確定能應付得來的奇怪邀約，像有人邀我加入卡津式按鍵手風琴樂團的演出，也有一次接到電話，要幫忙頂替一支八〇年代重金屬風格樂團的吉他手——團員都留著爆炸頭的那種。我還曾跟一個全由非裔美籍黑人（除我以外）組成的靈魂放克樂團，開著破爛的九人座小巴在美國南方鄉村巡迴表演。我不只是全團最年輕的團員——他們全都長我三十歲以上，還得負責演出中所有饒舌歌詞。在每一次的演出中，我一開始都非常不安和害怕。我嚴重懷疑自己，想著我鐵定會搞砸，變成全場觀眾的笑點。但即使擔心即將在台上發生慘劇，我還是硬逼自己至少先試試看再說。我得說，下決心去做，才是最困難的部分。當我度過那一小段躊躇不決的時刻，接下來只剩下我要全力以赴、出錯和趕快調整這些事了。

我們很輕易以為，開始動手做就表示要發動絕對完美的計畫，其實更多是在於盡量釋放頭腦裡面每個可能的構想，這樣，才能在之後調整改善，去蕪存菁。知名的華納兄弟影業動畫師查克．瓊斯（Chuck Jones）創作過許多著名的卡通角色，如威利狼與嗶嗶鳥（Wile E. Coyote and the Road Runner）、湯姆與傑利（Tom and Jerry）等，他說的真是最貼切了：「每位藝術家心裡都有好幾千幅爛構想，要擺脫這些唯一的方式，就是把它們畫出來丟掉」。

快速的開始

凌晨三點鐘，在以色列的台拉維夫市（Tel Aviv），小嬰兒丹尼爾用十足宏亮的聲音表示他肚子餓了。寶寶尖銳的哭聲把他父母從深沉的睡眠中驚醒，這次輪到爸爸餵奶。睡眼惺忪的阿亞爾．藍特納瑞（Ayal Lanternari）跌跌撞撞走到廚房幫兒子熱奶瓶，他計算著到底還需要幾分鐘，才能再度躺回床上睡覺。可惜，他不能很快如願，因為要加熱母乳或嬰兒配方奶不能使用微波爐，那樣做會破壞營養成分。阿亞爾得開始進入這舉世皆然的痛苦流程，不知有多少世代、有多少缺乏睡眠的父母都曾遭受同樣的折磨。

取出鍋子，注入水，在爐子上燒開。將沸騰的滾水倒入玻璃容器中，放進奶瓶加熱，然後等候十五分鐘（同時間，孩子的哭聲都快掀掉天花板了，讓人不禁開始懷疑人生）。整個過程實在痛苦不已，不是親餵的新生兒父母都會經歷過這一段。

正當阿亞爾笨拙地完成了熱奶流程，三個月大的兒子正大口嚥下當晚的第三次夜奶時，阿亞爾突然靈光一閃。在濃重的睡意中，他想像要是能有快速加熱的奶瓶就好了。回想起中小學的自然課，他曾學過增加表面積可以縮短加熱的時間，他腦海閃過一個個能想像到的奶瓶形狀。隨著丹尼爾的肚子漸漸鼓起，阿亞爾突然想到了一個大膽的主意。

阿亞爾想像的是中間挖空、人類乳房形狀的奶瓶，整個奶瓶的表面以非常薄而平整的材質製成，因此加熱非常快速。底蓋的內凹設計讓小孩很好扶握，也方便大人堆疊起來儲藏。丹尼爾喝飽了奶沉沉睡去，而阿亞爾的大腦卻在這深夜急速運轉。

好不容易等到大清早，阿亞爾等不及要將他的構想說給從小到大的兄弟阿薩夫．克哈特

（Asaf Kehat）聽。阿亞爾和阿薩夫從五歲起便是最要好的朋友，他們在以色列的海法市（Haifa）長大。這對兄弟小時住在環境較差的社區，為了生存，經常跟人打架。在這受到戰火摧殘的地區，兩人學會隔絕炸彈爆裂的聲音，方法就是在大腦裡塞滿激動心靈的未來願景。

兩人都是生物醫學工程師，雖然在不同公司服務，但從未忘記幼時想要一同創業的夢想。在那個早上，兩人在討論阿亞爾的奶瓶構想時，領悟到他們的大好機會可能到來。兩人廢寢忘食地研究各種寶寶吸奶的產品，很高興地發現市面上並沒有相似的產品。那時，他們僅僅花了幾個小時研究，還沒擬好任何具體計畫，兩人就決定「不需要準備好就可以開始」。

二〇一三年二月，母乳奶瓶 nanobébé 誕生了，這個品牌的宗旨就是要給父母更好用的奶瓶。關鍵之處在於，準備好之前就「開始」跟準備好之前就「推出」是兩件截然不同的事。公司成立前幾乎一整年間，這兩位搭擋不眠不休地工作，把全副心力都花在設計和大量的研究上。公司成立之後，兩位新科創業家接下來花了整整五年的時間測試他們的奶瓶，合作對象遍及數百位父母、嬰兒、母乳專家和小兒科醫生。他們翻來覆去地修改設計、研究市場上的競爭對手，並開發出精密製造流程。

「單純的構想跟準備好能夠滿足上百萬名顧客需求的產品，是天差地別的，」阿亞爾在我坐下和他的創業夥伴阿薩夫訪談時說道：「這個產品，我們在展示它、解釋它，以及製作它的時候一定要簡單到不行才可以。經過多年的努力，我們才在兼具原創與簡單之間找到平衡。」雖然他們很想盡快在市場上推出，但他們仍舊希望在寶寶含吮他們生產的奶瓶之前，能確定產品已面面俱到。

阿亞爾和阿薩夫一有了構想，便立即像是與時間賽跑般地投入開發，卻花了很多時間才帶著最終產品呈現在世人面前。他們的品牌在二〇一八年推出，整套產品線可說是臻於完美。不只奶瓶，其他配件如奶瓶晾乾架、吸乳器轉接頭等一應俱全，使用者不需額外的使用說明，因為產品線本身已經非常洗練，一目瞭然。他們在商品登上店頭販賣前，已談妥全球經銷，商品設計達於極致，生產量能也都已確保。這對搭擋既有創意又深思熟慮，他們投入創業的速度很快，但卻願意花時間慢慢推出產品。

在這個知名老廠牌已穩穩霸占住的成熟產業裡，nanobébé 很快就從眾多競爭對手中脫穎而出。雖然價格比傳統奶瓶貴上三成五，在上市的頭一個月裡就完售兩次。兩位爸爸革新嬰兒餵奶的品牌故事，任誰聽了都難以抗拒，這使得公司成了媒體寵兒，商業內幕新聞網（Business Insider）、美國有線電視新聞網（CNN），以及無數媽咪部落格紛紛報導了他們的故事。最後，nanobébé 獲選為《時代》雜誌二〇一八最佳發明，並登上該期封面，這對好搭擋才終於實現了童年說好要一起闖出一番大事業的夢想。

要是阿亞爾和阿薩夫沒有立刻開發他們的構想，各地的嬰兒就還是得繼續從舊式圓柱狀的奶瓶吸奶，而非親餵的爸媽還是得繼續邊忍受寶寶張開小嘴發出宏亮的哭聲和尖叫，邊進入燒水、溫奶、等待的溫奶流程了。

鞋業大王

當講到全球三千六百六十億產值的鞋類產業，有哪些影響力重大的品牌時，或許會想到的是「紅底鞋」Christian Louboutin、Jimmy Choo 或路易威登（Louis Vuitton）之類的奢華品牌。又或者腦中浮現的是麥可・喬丹（Michael Jordan）之類的運動員，或肯伊・威斯特（Kayne West）之類的名流。這些都好，不過我敢肯定這位葛瑞格・施瓦茲（Greg Schwartz）一定不會出現在讀者的前百大名單內。

這位葛瑞格・施瓦茲，令人聯想起迪士尼動畫《森林王子》（Jungle Book）裡那隻高大的可愛懶熊巴魯（Baloo），他給人的感覺比較像是稅務律師，而不是鞋業大王。葛瑞格不是腳上穿著要價兩千五百美元愛迪達 Yeezy 系列跑鞋的人，他穿的是鬆垮垮的卡其褲和恐怕已經穿十年的咖啡色平底休閒鞋。不過，在他跟夥伴共創 StockX 後五年的光景，他就成為鞋類產業最重要的領袖人物。

StockX 跟愛皮兒生技一樣，已成為市值超過十億美元的「獨角獸」企業。現在，StockX 有超過一千名員工，年營收超過十億美元，在全球兩百個國家提供服務。這家總部設在底特律的年輕科技公司，直接迎擊的卻都是業界龍頭，例如 Foot Locker、eBay 和亞馬遜等零售業者，而他們贏了。

「StockX 是一家電子商務平台，可以連結全球市場的買家和賣家，」我約了葛瑞格聊聊他所獲得的巨大成功時，他首先這麼解釋。葛瑞格和太太妮姬是我們家的好友，我可以說是坐在搖滾區，近距離見證他令人驚嘆的發跡歷程。我在二〇一一年曾投資他前一家公司，我們不僅經常分享餐點和美酒，也分享了許多成功和挫折。「在我們公司核心，我們都稱自己是東西的股票市場，我們推出網站時賣的是球鞋，這現在仍是我們最大宗的品類，不過也提供服飾、收藏品、手表和名牌包等物品。」

葛瑞格自孩提時期即很愛動手做東西。他在高中時做了一輛電動車，他覺得比上課有趣多了。網際網路的早期年代，他已夢想要創立科技公司。他的處女作是非常早期的行動電話應用程式，名叫「行動支票簿」（Mobile Checkbook）。早在 iPhone 出現以前，葛瑞格已設計出一款軟體，搭載在 Nextel 電信公司的折疊式手機上。這是他在工作之餘基於興趣而做的，比較像玩票而不是工作。那並不算是商業上的巨大成功，但使他在早期就意識到，他能做到什麼程度。

葛瑞格接下來有幾年在紐約的企業上班，而後，他等不及要回底特律親手建設自己的東西。他回到家鄉底特律，熱切地想要成立科技公司。我認識葛瑞格是在二〇一一年春，那時他來找我投資他的新點子。簡單說明一下背景，我前一年剛成立了底特律創投夥伴公司（Detroit Venture Partners），公司目標是要幫助有熱情的創業家創立、並擴大他們的事業，同時還要能對底特律貢獻正向影響。我從二〇一〇年成立創投基金到二〇一四年退出時，評估不下三千個創業構想。有不少簡報勾起我的興趣，不過裡面最令人印象深刻的，還是葛瑞格的。

那時，葛瑞格一開始的構想並不特別突出，但他這個人會使人留下深刻印象。他開朗、謙虛，說起話來口齒清晰，身體裡有追求成功的驅動力，這氣勢甚至超越了他外表沉穩的行為舉止。我受到他這個人（而不是他的構想）的吸引，因此，坦白說了我的想法，並邀請他留下來跟我來一場「白板會議」（whiteboard session），一起腦力激盪，探索怎樣讓他的提案變得更好。他彬彬有禮地接受我的提議，接著，我們花了好幾個小時重新設計他的構想，那時，我可以看出葛瑞格是個特別的人。他心胸開放，願意接受指導，頭腦聰明，又有動力，這樣的創業家是理想的支持對象。等到他調整並改良了他的構想，我們的創投夥伴決定挹注資金，他的公司 UpTo 便投入市場競賽中。

UpTo 追求的是要成為在當時看來過分前衛的社群媒體。拿幾個社群媒體來比喻，如果說臉書是讓人留下做過的事的回憶，推特的功能是著重在現在正在做的事，那麼 UpTo 就是讓人和朋友針對未來要做的事互動。知道朋友下個週末要做些什麼（up to，亦即該公司名的由來。）不是很酷嗎？對於公司來說，如果能知道使用者想要做什麼，而針對這點來投放廣告，不是很棒嗎？如果有人分享說下週末準備去看房子，不就是個最好的時機來投放房貸、家具、搬家服務之類的廣告嗎？

UpTo 推出的時候聲勢浩大，很快便成為底特律科技產業的亮點。遺憾的是，使用者人數成長很慢，最後黯然收場。「那真的很難，」葛瑞格說：「很難的原因是公司有員工，有投資人在我們身上投注資金。我們背負很大的壓力要做出成績，然而我們失敗了。但同時間，不能永遠都對此耿耿於懷，我得從中吸取教訓然後繼續前進。我跟自己說，為了家人、同事、投資我們的人，老實說也為了底特律這座城市，我能做的便是再次回到商場，做出一番大成績，我想要再嘗試一次。」

某個週五夜晚，那時 UpTo 的成長趨緩，葛瑞格思考未來該怎麼辦，我在底特律創投夥伴公司時的夥伴丹．吉爾伯特（Dan Gilbert）便把葛瑞格拉到一旁。他是美國職籃（NBA）克里夫蘭騎士隊的老闆和火箭房貸公司（Rocket Mortgage，前身為加速抵押貸款公司）的創辦者。他跟葛瑞格講了新公司的粗略構想，並要求葛瑞格來經營這家公司。當天，在他們都還沒回家吃晚飯前，StockX 就誕生了。

如果說，把鞋子交易的電子商務網站，當作是半生不熟的構想，那可真太對不住那些真正半生不熟的構想了。更好的形容，該是連烤箱還沒打開，材料還沒買好，毫無經驗的烘焙新手已流著口水想吃黑糖蜜餅乾了。一切得交由葛瑞格把一切生出來，他得在「準備好前就開始」。

許多年來，葛瑞格和我常討論到，有不少初步構想其實都過譽了。我倆都認為，雖說初步構想可讓人看出方向，但並非多數人以為的萬靈丹。事實上，絕大部分的價值，都是從發展構想演變的階段創造出來的。一個構想可以推導至另一個構想，所形成構想，也可能從某個風馬牛不相干的東西演變來的。概念要能在現實成真，必須經過成千上百個「微創新大突破」，而這些巧思都必須窮追不捨才能取得。

「你必須經歷一個流程，重複這個流程，然後將之帶到市場上，即便它還處於殘破狀態，」葛瑞格解釋道：「一個構想要變得有價值，就是要靠不斷修正，要呈現出來，才能獲得重要的回饋。邁出了一步，然後再想下一步該怎麼辦。可惜，太多人空有好點子，但卻遲遲不動手開始。」

葛瑞格開始經營 StockX 後，所產生的問題比得到的答案還多。要能勝過 eBay 的重要關鍵，是要有能力驗證他們販售的每一雙球鞋皆為正品。他們網站上販售的不是公司貨，要怎麼知道一雙要一千九美元的喬丹十代復刻 SoleFly 是真貨還是假貨？StockX 既然是買家和賣家直接交易的平台，StockX 就必須消除任何詐欺的風險，才能夠讓交易持續進行。

「我們得弄清楚在每筆交易中何時介入，這會讓每筆銷售的運費變成兩倍。跟 eBay 不一樣，我們會產生倉儲和檢驗費用。我們諮詢過的人，大多數都說我們這樣做是瘋了，要檢查每件產品實在太瘋狂，都說我們一定很快就會玩完。」

葛瑞格繼續說：「就是這樣，一開始時收到很多批評，但我們相信可以努力克服這些。如果規模可以擴大，成本就會下降。我們遭遇很多不知道答案在哪裡的疑問和沒有解決的問題，與其一次解決所有疑難雜症，我們僅僅是一步一腳印地前進。」每次小小的勝利都是下次的基石，StockX 累積下大量的創新紅利，持續增強基礎。

等到葛瑞格推出網站，他便立即面對任何電子賣場最經典的先有雞還是先有蛋的問題，那就是：「零顧客數」。買家要看到賣場上有眾多商品可選擇才會出現，但賣家要看到有很多買家，才會進來。葛瑞格得想辦法創造市場，不能讓人覺得他們走進一家空空的商店。為了打破這個僵局，葛瑞格自己動手標下使用者放上平台銷售的鞋子，就算自掏腰包買下鞋子後賣出，他還是努力盡其所能創造流動性的市集。有活動便能讓市集「活著」，現在一天可以有成千上萬筆交易。但為了要成長到那個階段，葛瑞格必須在一切都準備完全前即開始。

建立新創公司，表面上看來像迷人的旅程，但實情卻比大部分人想的慘烈。「早期時，我們對經營供應鏈會遇到什麼挑戰根本一無所知，」葛瑞格憶起往事時說，「還記得我們二〇一七年遇到黑色星期五時，如何手忙腳亂。短短的時間內要經手數千件商品，但驗證員只有少數幾位而已。箱子堆積如山，完全沒人手去完成對客戶的承諾。這次危機過去後，我們了解到這一次挫敗，創造了學習的契機，讓我們曉得日後該如何修正這個狀況。」

在不久前，這家公司擴張版圖，旨在服務中文顧客。中文本身很難懂，再加上專有的中文詞彙，這項任務令人望而生畏。不用說，葛瑞格和公司團隊又是還沒準備好就開始。據他說明：「雖然可以花個兩年時間把一切都打造完備，但我們決定趕快推出服務，讓中國的顧客開心比較重要。」他的團隊就是這樣盡快開始，邊做邊摸索，還是趕在期限前成功推出簡體中文版網站。

如果把 StockX 放到顯微鏡下檢視，會看到這家公司是以挫敗、解決辦法、遭遇難題與調整方向組合的，簡單來說，就是無數彼此相連的「微創新大突破」。從第一天起，葛瑞格和他的團隊總是「沒準備好就開始」，寧願在真實世界裡反覆調整修正，也不願等到擬定出完美計畫後才開始。隨著服務版圖不斷擴張到新產品類別和地理區域，StockX 的員工彷彿穿上最新款運動鞋的運動員一樣，追逐每個機會。悠哉悠哉地按自己步調走，並無法在五年內打造出十億市值的公司，同時還要對抗世界上最大的競爭對手。

無論要在底特律經營科技公司、在以色列發明全新的嬰兒奶瓶，或要把兒子的巴斯光年送進太空，「不要等到準備好就開始」，這項執迷能帶來優異的成果。而等到真的開始了以後，一連串的「微創新大突破」就會引導人走向遍地機會的處女地。

現在，相信我們的引擎都已咻咻地發動了，就趕快進入每日創新家的執迷吧。本來只在麥迪遜廣場公園擺攤的熱狗餐車，如何搖身一變，成為價值二十億美元的搖擺屋（Shake Shack）連鎖漢堡餐廳？讓我們來一探究竟，下一章，要談一個重要原則：「建立試菜廚房」。

第七章 建立試菜廚房

各位喜歡夾了脆皮馬滋拉條、水田芥天婦羅和黑蒜美乃滋的起士漢堡，還是加了南瓜芥末醬、培根、蔓越莓和鼠尾草的豪華熱狗？要是想來點甜的，想嘗嘗黑芝麻奶昔、鬆餅搭撒上脆培根粒的凍乳霜卡士達，或是漂浮冰滴咖啡？聽起來好像來到巴黎廚藝學校，卻是位於紐約曼哈頓格林威治村瓦瑞克街（Varick Street）的搖擺屋漢堡餐廳。

在這家連鎖漢堡店的固定品項菜單裡，找不到這些奇怪菜色，而是來自於它的創意廚房，位於熱鬧滾滾的搖擺屋餐廳下方的地下室。這家二〇一八年開幕的地下廚房，可說是個廚藝遊戲場，備有豐富的高科技設備、罕見食材，及高度的創意實驗精神。

這座創意廚房是搖擺屋餐飲總監馬克．洛沙提（Mark Rosati）的心血結晶。他解釋道：「任何公司能想到的最重要的事，便是公司在成長同時，如何保持靈活身段、同時還能繼續推陳出新。我們自問：如果現在才開了這家餐廳，有哪些地方會做得不同？」

事實上，這家公司起步時的模樣，跟現在天差地別。二〇〇一年，高級餐廳經營者丹尼·梅耶爾（Danny Meyer）在麥迪遜廣場公園開了熱狗攤，在他旗下的時髦高檔餐廳旁邊。格雷莫西小酒館（Gramercy Tavern）、聯合廣場咖啡廳（Union Square Cafe）、馬雅里諾麥義式餐廳（Maialino Mare），這些都是他擁有的高級餐廳，然而，以更價廉且快速的方式，將他的招牌廚藝玩心提供給食客，則是不同的樂趣。隨著熱狗攤生意越來越好，丹尼在菜單加上漢堡和波浪薯條，最後，他在二〇〇四年將熱狗攤改名為搖擺屋。從熱狗攤發跡，搖擺屋如今已成為全球有兩百五十家門市的連鎖漢堡店，年營收達六億美元以上，市值超過三十億美元，單店營業額，則是麥當勞餐廳門市平均營業額的兩倍以上，而且它成長之快，簡直讓麥當勞叔叔胃食道逆流發作。

即使在這麼短的時間內迅速成功，公司團隊還是努力維持新創時期的創意表現。他們企業總部牆上，掛了醒目的標語，意思是說：「公司長得越大，要操煩的就越少」，這是為了提醒他們要時時保持進取的初衷。講到創意探索的原則，搖擺屋的驚人成就，該歸功於日常創新家的第三種執迷：「建立試菜廚房」。

從地區性餐廳到全球性的綜合大企業，食品產業龍頭都要仰賴試菜廚房來推動創新。試菜廚房就好比科學實驗室，設立的目的是為了建立安全、設施完善的環境供創意發想。試想一下，忙碌的星期六晚餐時段，絕不可能有餘裕思考什麼複雜的新菜色，因此，試菜廚房便提供了發明美味菜色所需的時間和資源。從毫無限制的構思成形到大膽的試驗和評估原則，試菜廚房既推動成長，又能減少風險。

搖擺屋的試菜廚房由五名人員組成，他們距離餐廳現場僅一道階梯之遙，能即刻收到真實顧客的意見回饋。這容許團隊自由地異想天開，並很快測試他們的點子，再讓顧客在發想過程中扮演重要角色。「讓顧客參與試驗過程是有風險的，」洛沙提解釋：「但最後，顧客的意見總會讓我們做出更好的菜。」

創意廚房裡的主廚，可以大量烹調他們的「微創新大突破」。除了實驗新菜以外，創意廚房團隊還會針對流程改善、訓練升級和顧客滿意度革新。顧客對於數位自助點餐機有什麼反應？製作漢堡肉時如果把調味加重百分之四，不知客人反應如何？烹調流程怎麼做可省掉五秒鐘？構思、實驗、修正，再重來一次。

令人驚嘆的成就，直接繫於搖擺屋充沛的實驗精神。無論他們是不是研究超級怪異的東西，例如先把熱狗放進氣泡酒裡浸煮，然後在上面鋪上魚子醬、法式酸奶，最後撒上碎薯片的菜，或他們實驗更有效率的方式，清潔輪班結束的檯面，試菜廚房發揮巨大功效，使他們成為世界受喜愛的連鎖餐廳之一。

好消息則是，不需進入食品業才能建立試菜廚房。例如律師會舉行模擬法庭，在面對真正的陪審團前，先在安全的環境裡測試抗辯。現今的外科醫生可以戴上擴增實境眼鏡，在機器人身上演練實驗的手術程序，藉以精進他們的技巧。汽車公司寧可在撞擊測試撞壞許多假人，也不要事故發生在真人顧客身上。壽險顧問會先幫顧客試算，才會向顧客提出保單建議書。試菜廚房可以是像搖擺屋創意廚房那樣的實體空間，也可以是隱喻性的，只存在團隊的心裡。總之，那是安全、完善的環境，供人發想、測試、修正。

一萬次實驗法則

在第四章裡，曾提過麥爾坎·葛拉威爾備受人知的一萬小時法則：要精熟某件事，必須先投入一萬個小時練習。暢銷書作家和《哈佛商業評論》特約作家麥可·席蒙斯（Michael Simmons）卻認為，「實驗」才是更有價值的成功要件。「創意人永遠沒法預知智慧結晶或美學創作是否會贏得讚美，就連所謂的天才也是一樣，」麥可如此說明。因此，他創造出「一萬次實驗法則」，一項創意是否會成功，直接與事前的實驗次數有關。對我們而言，重點並不是那一萬次，而是要調整心態，意識到不斷試驗是必要的。試驗做的愈多，愈有可能找到想要的「微創新大突破」。

臉書執行長和創辦人馬克・祖克柏（Mark Zuckerberg）也認同這一點：「我最自豪，也是臉書取得成功的關鍵因素，就是我們擁有個測試框架，」他指出：「不管任何時候，臉書不是只有一個版本，我們大約運作上萬個測試版。」事實上，高速率的實驗已成為亞馬遜、谷歌、微軟等科技龍頭的成功秘笈，他們每年都會執行成千上萬次實驗。

「亞馬遜的成功方程式，取決於每年、每月、每週、每日做了多少次實驗，」亞馬遜執行長傑夫・貝佐斯（Jeff Bezos），這位目前地球上最富有的人說：「如果能夠把實驗的次數從上百次提高到上千次，就得以大量提高所達成的創新。」

亞馬遜的 AWS 雲端網路服務部門，就是二〇〇六年的小實驗而誕生的。由於亞馬遜高額投資了基礎建設，因此高層曾想是否能將多餘的產能租給其他公司。在當時，那只是亞馬遜為了追求成長，而實施的幾十項試驗的其中一項。雖然亞馬遜大部分的實驗最後以失敗告終，但 AWS 雲端服務卻以難擋之勢提醒大家，出奇制勝的點子能夠發揮多強大的力量。二〇一九年，AWS 部門賺進了三百五十億美元的營收，利潤高達七十二億美元。亞馬遜從小實驗開始，最後發展成巨大勝利的事業不只 AWS 一個而已。事實上，亞馬遜推出的 Prime 會員付費訂閱服務、Echo 智慧音箱、Kindle 電子書閱讀器和第三方賣家，每一項最初都是從實驗規模開始的。

至於要如何進入實驗的節奏，席蒙斯建議，除了平常的待辦清單以外，也要備好「待試驗」清單。為了建立實驗心態和技巧，他建議每天都要實行三項試驗，即使只是很小型的測試也好。舉例來說，可以實驗看看企業網站上的「立即下單」按鈕，用哪一種顏色得到的效果最好。

個人方面，可以測試看看每天只檢查電子郵件兩次，對生產力造成何種效應。我才剛做過一場實驗，測試在帶著四歲雙胞胎孩子進入睡前儀式時，吃一把迷你 M&M 巧克力會有什麼影響。任何有理智的人應該猜到了，這個實驗悲慘地失敗了。艾薇和塔莉亞因為吃了糖而精神亢奮，又動了七十五分鐘才斷電躺平，讓我心裡暗想幹嘛不實驗用鎮靜劑呢。或許下次實驗就嘗試這個。

好啦開玩笑的，在我們努力培養大量的小構想（「微創新大突破」）時，大量實驗是很理想的做法。

光二〇一〇整年，谷歌的搜尋演算法便執行了一萬三千三百一十一次試驗。谷歌不會一面倒支持組織內年資老的想法，相反的，讓實驗結果來主導決策。值得一提的，則是在超過一萬三千次的試驗中，谷歌只執行了五百一十六項變更，這等於高達百分之九十六點一的「失敗率」。

當大部分人聽到九成五以上的失敗率，一定坐立難安，好似在大學學力測驗上被抓到作弊一樣。成功的公司和聰明人士永遠在第一次嘗試即做對，任何超過「零」的失敗率便表示大失敗——這是錯誤的迷思。事實上，百分之百的成功率算不上成功，如果嘗試的每個點子都獲採用的話，這表示太打安全牌，甚至不會獲得想要的創意突破。然而，高失敗率則表示實驗系統設計的比較好，因而嘗試了大量值得測試的創意點子。我肯定會想成為像谷歌那樣的「大失敗家」，諸位呢？

微軟表示，他們的試驗中，大約三分之一證明有效，三分之一的結果屬於中性，剩下的三分之一則得到否定的結果。哈佛教授史德分．棠克（Stefan Thomke），《做實驗有用》（Experimentation Works）一書的作者，據他指出，失敗率低於兩成，表示公司在嘗試冒險時創意力不足，無法使其跟上日益競爭的市場腳步。

建立自己的試菜廚房

墨西哥式連鎖餐廳塔可鐘（Taco Bell）的試菜廚房，占掉了公司總部的二樓。這個充滿未來感的空間裡，設置了感官分析實驗室、供餐點和飲料品嘗的廚房，以及四座各有不同且設備精良的烹調工作站。跟這家連鎖餐廳龐大的營運規模相反，發明試菜廚房概念的知名西班牙主廚費朗・亞德里亞（Ferran Adrià）採取更為內斂、節制的做法。他的得獎餐廳elBulli，在一年中僅從六月中營業到十二月中。剩下的六個月，費朗會前往巴賽隆納，在小小的臨時工作坊裡，絞盡腦汁地替下一季設計全新菜單。如曼樓創新（Menlo Innovations）的創辦人兼首席經理人瑞奇・雪瑞登（Rich Sheridan），他的試菜廚房並不是獨立空間，整個公司都是個實驗場。重點是，不會有兩家完全一樣的試菜廚房，我們有充足的創意自由，按照特定的需求來打造自己的試菜廚房。

在建構自己的點子工廠時，思考一下如何設計試菜廚房需必備的核心要素：設備、參加者、食材。

設備

搖擺屋的創意廚房擁有所有最時新的設備，以確保同仁發揮創意時不至缺少任何東西。他們故意將試菜廚房設置在實際營業的餐廳樓下，便是為了方便能快速得到真實顧客的反應，每件事物都為了促使成果最大化而設計。曼樓創新則是把職場設計成可快速移動的空間，讓員工能輕易在實體環境裡做實驗。

現代試菜廚房跟過去的無菌實驗室不一樣，不需有固定的實體地點。塔可鐘是價值數百萬美元的投資，純粹口香糖創辦人凱倫．普羅森，則在自家廚房的小小瓦斯爐就做起實驗來。如果沒有預算或空間設置固定地點，不妨試試看，一個月當中找一天，把會議室當成是試驗空間。達士丁．蓋瑞斯（Dustin Garis）是寶僑企業（P&G）的創新部門主管（第九章時還會談到他），則是在他想要同仁掙脫常規的時候，徵用運轉中的電梯當作試菜廚房使用。又或者有人會想實地走出去……我曾在好多地方舉行過構思會議：底特律美術館、墨西哥灣上載浮載沉的船、北加州的農場、紐約市公共圖書館分成好幾層空間的大廳。

無論試菜廚房是固定還是臨時的，都得配備能幫助人釋放新鮮思維的設備。令人欣慰的，連上無線網路的筆電，就可達成許多知識性導向企業的唯一需要。除這些以外，想想看還有哪些必需品可以幫助刺激創意，或幫助建立計畫的雛形。我的購物清單還包括大張便利貼、各種顏色的麥克筆、兒童黏土、勞作色紙、玩具槍的子彈海綿球、大力膠帶和玩具水槍。

參加者

至於人，我喜歡亞馬遜的「兩張披薩原則」，工作小組人數不要太多，最好是以兩張披薩就可餵飽的人數為原則。如果點了兩張義式辣香腸披薩和蘑菇披薩還不夠吃飽的話，或許團隊人數太多了。美國萬通人壽擁有數千名員工，但他們刻意將實驗小組保持在小規模。

我也很喜歡輪流替換團隊成員的做法，確保常有不同的大腦和新鮮的想法。把背景看似毫無關連的人拉進來，也是刺激創造力的好方法。當在思考該邀請誰進入小組時，要盡其所能地讓人員越多元越好。要是搖滾樂團有五個吉他手，卻沒有其他樂手，那音樂聽起來一定是場災難；在構思過程中，要是每位參加者都是組織者的倒影，那結果一定乏善可陳。從各式各樣不同的觀點提出的意見，能夠提高構想的品質。當組成試菜廚房的夢幻團隊時，可以考慮納入多元光譜上的每種背景，包括種族、性別、教育背景、年齡、性取向、出身地、職業、年資、經驗層級，甚至是行為舉止。

食材

提到食材，有兩種方法可取得優異成果：電視料理秀和農夫市集。數以百萬的料理愛好者每星期都會打開美食頻道（Food Channel）收看像是《廚藝大戰》（Chopped）之類的節目，在這個真人秀裡，參賽者必須運用他們拿到的幾種奇怪食材，變出可吃的東西。當手上只有干貝、玫瑰水糖漿、薯泥糖（mashed potato candy）等有限的奇怪食材可用，所能做的便是創作出前無古人的菜色來。要是拿到彩柄瑞士甜菜（rainbow chard）、仙人掌果、鹹鴨蛋和小熊軟糖的時候，絕不能參考奶奶留下來的食譜做菜。在這裡，幾種看似毫無相關的食材，會逼人端出創意成果。

電視料理秀提供有限食材是激發創意的策略，與之相反，農夫市集則可補給豐富的食材選項。想像一下星期六早晨去逛熱鬧滾滾的戶外市集，選購看來很吸引人的食材，通常不是根據某道菜需要什麼食材，而是興之所至。回到家，手上有豐富的各樣食材，現在，有充足的材料可炮製出新菜色。搖擺屋的創意廚房便是採取這種策略，他們的廚房配備了地球上幾乎每種香料，供他們盡情實驗。並沒有哪種策略一定對或錯，我就曾在兩種策略中搖擺，但還是成功發掘下個「微創新大突破」。

講到要執行實驗，我還可以數算出更多策略，不過建議先從簡單的甲／乙組測試法開始。甲／乙組測試法的原理是藉由孤立單一變因，以便找出其中的因果關係。舉例來說，如果認為主旨欄寫得好笑能提高行銷電子郵件的回覆率，簡單的甲／乙組測試便能試驗假設。例如預計寄出五萬封行銷郵件，將之隨機分成兩萬五千位收件者的兩組，兩組分別寫上不同主旨。理想的情況下，這兩組的條件應該非常接近才對。假設用性別來分組，就無法為試驗結果下結論，因為這兩組的條件具有差異。

當分出條件相等的兩個群組，把其中一組當作控制組，主旨欄寫上典型的無趣標題：「買一送一」。同時，另一組當作對照組，填上搞笑的標題：「老闆豁出去啦，免費商品大贈送」。這兩組電子郵件在同一天同一時間寄出去，除了要試驗的主旨欄以外，其他每項變因都必須相同。當其他條件完全相同，便能衡量並測試這改變會發生什麼影響，也就能夠得到實在的結論。甲／乙組測試法說穿了沒什麼了不起，卻是許多案例中最簡單也最有效的方法，也是開始建立試菜廚房心態最好的起點。

若想了解更多執行實驗的秘訣，如工具、試算表之類，別忘了登上這個網址看看：https://joshlinkner.com/toolkit/。

快速實驗「微創新大突破」，這兩者合起來就像花生醬搭果醬的三明治那麼合拍。大規

「建立模地測試小點子是新的永續成長和成功模型。無論是執掌全球性團隊還是單打獨鬥，「建立試菜廚房」能夠提高創意性產出。試菜廚房或許是有形的，也可以單純培養出實驗的心態，不管怎樣，沉迷於試驗一定能夠帶來更好的成果。

現在，已經在試菜廚房享用了些小茴香楓糖漿鬆餅搭羊奶起司，我們準備好要進入第四種日常創新家的執迷了：「砍掉重練」。我們要舉起大錘子敲毀那句已經過時的格言：「如果東西沒壞，就不用修理」。從建立世界上最大型的玩具製造工廠、商用不動產投資的大眾化、重新構思全球性規模的教育，乃至於如何革新在最短的時間吃完熱狗，我們要來探索日常創新家如何砍掉，再重建。

第八章　砍掉重練

跟全世界數百萬名兒童一樣，我成長時期的心頭至愛絕對是樂高。許多年來的生日和節慶，最想要的禮物一定是樂高，像發了瘋似的收集樂高模型。家裡甚至有個空房間被我拿來當做「樂高房」，直到弟弟伊森出生，才只好收起這些彩色的積木，把房間讓給弟弟用。到現在我都還記恨這件事。

我會花好幾個小時組火箭或一座城市，然後拆掉重新再組一個新的。多年後，我當了爸爸，換成跟大兒子諾亞一起組複雜的死星系列模型。現在，每天跟四歲大的雙胞胎一起堆高到天花板的高塔，已成了日常的風景。我承認，我是個死忠的樂高迷。

在我小時候，堆一座樂高城堡，並非為了放在展示架上給人看的。玩樂高最大的樂趣是拆掉已完成的作品，然後迅速堆一座更好的。如果我堆的摩天大樓不幸倒塌，那堆下一座大樓時，就會把基座蓋得更穩，增加結構的強度。拆掉一輛新堆好的賽車，然後把同一批積木拿去組一艘警察巡邏艇，也會讓我感到無比快樂。玩樂高的樂趣並非砌好一件作品，而是持續不斷創造、重建的過程。玩樂高的重點就在這，這也是樂高公司從丹麥的小鄉村發跡時即已在做的事情。

一九三二年，經濟景氣惡劣，家具工匠奧爾・柯克・克里斯提安森（Ole Kirk Kristiansen）為求一家溫飽，開始製作木製玩具賺錢。他把丹麥文的「leg」和「godt」取頭兩個字母合成「LEGO」，作為這家一人公司的名字，而這兩個字的意思就是「玩得好」。這家剛起步的公司，製作木製小鴨和溜溜球，這是克里斯提安森用之前製作家具的設備可做出來的東西。但到了一九四二年，一場大火燒光了他的小工廠，這場災難啟動了這家公司日後無數次再造的第一次。

這場火災，迫使克里斯提安森重新審視他的公司，並思考變動快速的玩具產業。反正無論如何都要重建工廠，他就想，要繼續製作從前的木製玩具、還是探索全新的事物。他不急著回到慣例做法，而是研究玩具產業、製造業和兒童發展領域出現哪些新潮流。

克里斯提安森決定大膽改革他的事業，他想讓孩子有機會製作自己的玩具，而不是購買已經做好的成品。一九四六年，他的公司尋求全新的經營模式，採購了全丹麥第一具用來製作塑膠模具的新奇機器，這種機器稱為塑膠射出成型機。到了五〇年代尾聲，樂高已從木製玩具製造商，轉型成可替換塑膠積木的製造商，這些積木就是樂高積木。

雖說工廠大火並非人為設計的結果，然而，樂高之所以能順利改頭換面，卻是因為採納了日常創新家的第四項執迷：「砍掉重練」。要是沒發生那場大火，樂高很可能只是無名溜溜球製造商，不會變成全球的大型玩具公司了。它最了不起的創新，可能不是那些塑膠積木，而是能持續不斷革新自我的能力。

孩童愛上組裝積木建築物，樂高的玩法也散布到世界各地。業務版圖和利潤一飛衝天，但他們從未自滿，並沒有停止用大腦做生意。一九六八年，以樂高為主題的樂園「樂高樂園」（LEGOLAND）在丹麥比隆（Billund）開幕。到一九七四年為止，僅僅六千六百六十二名居民的比隆市，已接待了五百萬名遊客造訪樂高樂園。從木頭小鴨、塑膠積木，乃至於假日遊樂聖地，這些持續的突破，需要企業有意願反思現有的業務特性才行。今天，全世界有九座樂高樂園，位於德國、馬來西亞、日本、杜拜、英國、義大利、美國。樂高樂園不只非常賺錢，造訪樂高樂園還會深化顧客對這家玩具公司的忠誠度。

樂高集團的高層有種特性，他們經常對現狀感到不滿，維持現狀好像是他們最邪惡的敵人。就像我喜歡拆毀樂高作品再造一個新的一樣，「砍掉重練」這條信念，遍布於樂高企業文化當中。

一九六九年，這家公司進軍幼兒市場，成立了「得寶系列」（DUPLO）。為了方便讓小小孩拿取和組裝，得寶積木設計得比較大塊，立刻受到熱烈歡迎。遵循相同的思路，樂高推出「科技系列」（LEGO Technic），裡面的齒輪和複雜零件模型讓青少年和年輕人為之瘋狂。大部分公司都會恐懼自傷自己的業務，而拒絕接受新概念，只能說那句老話「別殺掉下金蛋的鵝」，在比隆市沒人這樣說。

到了一九九九年，樂高積木獲《財星》雜誌封為「世紀玩具之最」，樂高公司獲譽為成功的典範。許多公司走到這一步，幾乎都會翹腳拈鬍鬚，靠著過去的成功輕鬆經營就好。樂高不這麼想，對他們來說，這才是剛開始暖身而已。從一九九八到二〇〇二年，樂高公司的標語是「想像一下……」，這正是他們在做的事——拒絕保護主義心態的引誘，公司高層繼續「砍掉重練」。從月球探險車到軍事堡壘，樂高向來只生產內部設計的模型組，他們長久以來堅持這個自行創作的信念，即便外界不斷有人來找他們談授權合作，也都不願動搖。不過，樂高終於在二〇〇〇年打破這個規矩，他們跟華納兄弟影業（Warner Bros.）簽下了哈利波特系列。到了二〇〇七年，樂高跟盧卡斯影業（Lucasfilm）簽下《星際大戰》（Star Wars）和《法櫃奇兵》印第安納瓊斯等電影系列。到了二〇一〇年，樂高跟迪士尼消費品部門（Disney Consumer Products）簽下合約，取得迪士尼和皮克斯旗下所有電影的財產授權。授權合作對樂高來說是全新領域，需要樂高重新想像他們的核心信念，不過，樂高願意建立新的傳統，取代舊傳統。

二〇一三年，樂高可以說是順風順水，簡直是想要組出什麼就有什麼。不到十年的時間，這家公司的營業額已經翻了四倍，而且還持續朝各種不同領域邁進，像是樂高機器人和電玩遊戲。勇於「砍掉重練」的樂高，從玩具領域岔入電影業。樂高跟華納兄弟合作的《樂高玩電影》（The LEGO），一上映就成了全球夯片，為公司豐收了四億六千八百萬美元的票房收入。樂高一推出電影就造成大轟動，接下來打鐵趁熱，繼續推出《樂高蝙蝠俠電影》（The LEGO Batman Movie）、《樂高旋風忍者電影》（The LEGO Ninjago Movie）、《樂高玩電影2》（The LEGO Movie 2）等三部電影，總票房達到十一億美元。

樂高之所以具備新領域開疆闢土的能力，其專門致力於開創公司未來的團隊，扮演重要角色：「樂高未來實驗室」（LEGO Future Lab）。「這是公司裡行事有點偏離軌道的小部門，」樂高前任執行長約根．維格．納斯妥普（Jørgen Vig Knudstorp）如此說道，樂高根據「建立試菜廚房」的原則建立了這樣的團隊，專門在公司營運需求以外的領域負責修整、實驗、培植新點子，納斯妥普說明：「實驗是我們無法不去做的事情」。

有了來自未來實驗室的加持，樂高的「砍掉重練」不斷升級，看似沒有盡頭。「樂高大朋友」（AFOL，adult fiend of LEGO），這個專有名詞是樂高形容像我這種已是成人的死忠樂高迷。當樂高大朋友向樂高提出大型、複雜的模型建議時，未來實驗室就會出動，負責將之實現。以大人為取向的樂高建築系列，推出世界知名地標的縮小版，如紐約的帝國大廈、印度的泰姬瑪哈陵、巴黎的艾菲爾鐵塔、倫敦的特拉法加廣場（Trafalgar Square）等，這些繁複、精細的模型售價高達四百美元，卻不為迎合孩子的喜好，而是讓成人也能回味組樂高的樂趣而設計。

樂高還有向群眾募集點子的創意平台（LEGO Ideas），樂高迷可在這平台提出點子，有機會在未來實現。這個網站現在大受歡迎，世界各地的樂高愛好者可以在上面投票，選出他們最愛的使用者生成點子，許多中選的點子經實體化後，更是立刻成為熱銷商品。另還有教育計畫（LEGO Mindstorms），參與學員用樂高積木和零件組裝機器人彼此競爭，可贏得大獎和肯定。不能忘了，這家公司還推出點字積木，讓視障兒童及其照顧者可以透過積木遊戲學習點字。又或者是以樂高為主題的安全社交平台，線上應用程式 LEGO Life，專為太年幼還不能使用 Instagram 或 Snapchat 的兒童而設計。自然，還可以想像到，有樂高迷用樂高重現街頭藝術家班克西作品的「Bricksy」系列（班克西（Banksy）和積木（Bricks）兩字的結合）。甚至還出現商業顧問課程，稱為「樂高認真玩」（LEGI Serious Play），課程主要目的是刺激組織裡的創造力。

樂高一次又一次地「砍掉重練」，這家企業這次從事某種業務，下次又踏足另一種業務。從製造木製玩具起家，樂高先是擺脫既定的概念轉型成塑膠積木公司，接著打破這個形象，轉而開始經營主題樂園。然後他們又再一次破壞，跨足電影圈。接著是一次又一次的砍掉重練，電玩遊戲、機器人、給大人玩的樂高模型，然後是社群媒體。

樂高持續地建造和重建，拆毀和再造。這家年營收六十一億美元、利潤十三億，擁有一萬九千名員工的全球最大玩具公司，仍舊由克里斯提安森家族私人持有，總部仍舊設在比利時的比隆小鎮。除此外，幾乎什麼都改變了。這家公司的超級成就直接繫於他們發掘新機會，絕不仰賴舊有業務能力，絕不缺乏挑戰慣例做法或挑戰自家傳統的勇氣，他們擁抱「砍掉重練」的哲學，持續爬上新高峰。

日常創新家會恆常不斷地檢視目前狀況，尋找機會打破現狀，創造新局面。時時尋求升級，套用到產品、團隊、生產實務、安全標準、銷售努力、訓練，乃至於各個或大或小的系統，可以帶來重大效益。用於重新改造產業的相同做法，讀者也可以拿來改造星期一早上開晨會的方法。

這裡，我提供簡單又有效的「砍掉重練」的方法：

・第一步：解構

在商業上的第一道步驟是細心地拆解目前的做法，將之變成個別的元件。這樣做，就好像整個拆掉我的樂高海盜船，把它變成一塊塊積木。如果賣的是食品，可以把它解構成最初的食材表（像是：一杯麵粉、四分之一杯橄欖油、兩瓣大蒜），又或者想要對付的是流程，可以一一檢視已組合成整套做法的每個小步驟。無論是有形或無形，要把目標盡量解構成最小單位的一個個片段，就好像在七年級的數學課上，霍夫曼老師要學生把分子分母約分到不能約分為止。

・第二步：檢視

現在，已經把元件都分出來了，是時候以勤勉科學家的苛刻眼光來檢視這些元件。為了做到這件事，我建議要做「節目清單」。丹・希斯（Dan Heath）和奇普・希斯（Chip Heat）在二〇一三年的著作《決斷力》（Decisive）當中，說明了「檢查清單」和「節目清單」的不同。兩位作者說明，檢查清單是列出所有「該做的事」，節目清單則是彙整出「所有可能性」。當我要解決一項問題時，我會列出一份「節目清單」，能為我全盤了解在根基層級，要解構元件的所有問題。

①這件事由什麼組成？
②缺了哪些東西？
③它最初的誕生由哪些思維和脈絡促成？
④為什麼過去這樣做沒有問題？
⑤現在已經變得哪裡不一樣？
⑥這件事最初設想出來了後，客戶的需求出現什麼改變？
⑦目前維繫這件事的核心規則、常理、傳統或信念，有哪些可能挑戰的？
⑧哪裡還有類似的問題或模式？
⑨這個版本建立以來，有哪些技術升級可以執行以達成改良？
⑩它的耐久性如何？斷層線或弱點有可能會出現在哪裡？

就跟優秀的偵探一樣，我們要盡量收集多一點證據，再下結論。

・第三步：重建

有了從第二步獲得、的洞察，現在可以重組各片段，而目標是提升最終成果。可以容許自己做一點修補。在這個階段，我喜歡執行另一份問題的節目清單：

①有哪個新元件是可以加進去的？

②有哪件事可以刪掉，或替換掉？

③如果可以揮揮魔法杖把這件事變得更好，最終成果應該是什麼樣子？

④要怎麼透過重組或重新安排，來節省時間或金錢？提升品質？解決一個新問題？

⑤其他人怎麼解決這個領域的類似問題？這個領域以外呢？

⑥可以從大自然或藝術借用哪些點子，來啟發更進一步的升級？

⑦要如何把規模變得更大，例如加入更多馬力或運算能力？如果要變得更小，如何縮減足跡、減少廢棄物，更快速的成果交付？

⑧如果有幾種可能，如何建立原始模型，在實施前先快速測試？

回顧剛才談過的創新家，這項方法在他們最終取得成功的過程至關重要。有些人是所謂的「內部人士」，他們檢視現有業務，然後找到全新的道路。就拿馬特·伊什比亞來說好了，他砍掉了他的小型零售房貸公司，以便能重建國內規模最大的批發型抵押貸款供應商業務。

這個要熟知內部情況才能夠進行的方法，重點在於建立一個比現在所做的更好的版本，也就是升級版本。舉搖擺屋餐廳的那些創新家為例，他們關注的是讓他們現有的餐廳事業更上一層樓，而不是成立工業用供應公司或商業訴訟法律事務所。

我們也看到其他「外行人」的案例，他們採用另類方法以進軍新的領域。珍妮・杜在成立愛皮兒生技公司之前，並沒接觸過生鮮蔬果的生意，查德・普萊斯也是，在成立鯖鯊醫學之前，根本沒待過醫療照護產業。事實上，重大的產業板塊變動之所以發生，常常都是因為外行人反而找到更好的做法。如喬立夫兄弟運用「砍掉重練」來翻轉高爾夫的玩法。

串起這些人和事的共同線索，正是他們都拒絕接受「現狀只能這樣，事情應該更好才對」。基於這樣的理由，二十六歲的萊恩・威廉斯（Ryan Williams）受到激勵，一肩扛起對抗不平等、革新古板房地產業的使命。

解構不平等

不平等這件事，萊恩・威廉斯略知一二。他的高祖母艾蒂・林區（Addie Lynch）要是不幸早生兩年，也會成為奴隸。十九世紀的頭十年間，萊恩的先祖被迫成為奴隸，他們得忍受路易斯安納州炙熱的驕陽，在農場上無止盡地工作，好讓身為精英階級的主人累積財富。萊恩在路易斯安納州巴頓羅格（Baton Rouge）的工人階級家庭長大，對於不平等，可是有第一手經驗——這些不平等以種族隔離、犯罪和長期貧窮等形式出現。在他所處的社群中，每十三位非裔美國人便有一位淪為刑事司法體系的階下囚。由於親眼見到不公平的社會體系，如何造成他家人的傷害，萊恩在還很年輕時即誓言改變這一切。

除了種族不平等，美國的貧富斷層也漸趨嚴重，位在金字塔上層的富人享有愈來愈多機會，但底層的人卻無力改變處境。美國最貧最富之間的斷層，自一九八九年到二〇一六年已擴大為兩倍，美國人的收入不平等，也是七大工業國組織當中最高的。在過去的五十年間，中產階級收入的成長速率，比頂層還要緩慢。等到萊恩長大成人，他再也受不了了，不想看著這樣的惡性循環持續下去。大學畢業後不久，他決定要「砍掉重練」。

讓富人變得更富的其中一條途徑，便是進入利潤高得瘋狂的商業房地產投資世界。畢竟，會端出雪茄和波本威士忌，在木意盎然的圖書室幕後交易，都得透過特殊管道才有可能得其門而入。雖說一般市井投資人都可以投資公開交易的不動產投資信託基金（REIT），但只有私下交易才能抱回暴利，買艘新遊艇回家。除非有辦法加入這類秘密俱樂部，不然一般人根本無從得知賺大錢的機會。事情一直以來都是這樣子的，直到萊恩．威廉斯出現。

身負使命，要在這個艱深的商用不動產領域開創公平和平等，萊恩創立了價底（Cadre）投資線上平台，建立透明度，讓普通人也能進入不動產投資的世界。這讓不屬於億萬富翁階級的普通人，即便沒有手握高額資金，也得以投資高投報率的高階房地產交易。有史以來第一次，終於能夠跟那些享受龍蝦和魚子醬的人同桌，即便錢包裡的錢只夠買杯啤酒和塔可捲。

「房地產是種侏儸紀行業，非常陳舊過時，」萊恩說明道。他應用「砍掉重練」的原則，首先解構現況。他先研究資本如何從一項交易流向另一項交易，錢如何生出來，哪些人握有管道。接下來，他仔細地檢視每項元素。他了解到，大部分的房地產交易都需要達到最低投資規模，而這個規模遠超出一般人的能力。他也發現，一旦投資下去，除非有另一筆大交易產生，否則不可能把錢拿回來兌現，這使得投資時間長達十年或更久。如果富可敵國，有資金長期被綁住根本不算什麼，但低度的流動對大多數人來說卻是一大障礙。最後就形成那些最肥美的交易，從來就不可能端上公開市場，一般投資人能接觸到的，只是大富翁的冷飯殘羹而已。

萊恩破解了房地產投資現狀以後，經過仔細檢視，是時候要進行重建了。價底讓投資人有機會接觸以前碰不到的房地產交易，投資的最低額度較低，手續費也較低。而且，這個平台還能讓投資人在任何時候都能賣掉投資，避免流動性問題。「次級市場讓投資人有能力買賣股權，一直到我們出現了以後，才有辦法讓直接投資人這樣做。」萊恩這麼說明。

回到他對抗不平等的戰場，萊恩的使命是讓每個人都有可進入的管道。「之前，只有頂端百分之一的人得享機會。而有了價底，投資人能直接夠參與商用房地產交易，簡單得就像在亞馬遜上買賣東西一樣。」

不過短短的六年內，這家公司的價值已經超過八億美元，平台的總交易量超過二十億美元。現在才三十二歲的萊恩，計畫要將他這個「砍掉重練」的做法延伸到房地產以外的資產類別。他希望有一天，過去普通人碰不到、流動性很低的投資類型，都能夠在價底上買賣。「我們把全副心力灌注在我們的使命上，因此能夠建立這樣的平台，讓普通人也能擴張財務版圖。」萊恩如此作結。在高度競爭的商用不動產世界裡，這名年輕的外行人秉持著對抗不平等的初衷，撼動了這個業界的固有規則。這家公司的廣告口號為「重新想像的房地產投資」，完美地總結了萊恩的策略，他應用這樣的想法，朝公平、正義的社會前進。

我想要教會這個世界

娜迪亞（Nadia）在高中數學課上總是坐立難安，只好找她的表親幫忙。薩爾・可汗（Sal Khan）在波士頓避險基金擔任分析師，他是個數學能手，看來是個家教的最佳人選。不過，娜迪亞住在幾千英里以外的紐奧爾良。雖然有距離這個障礙，薩爾還是想幫上忙，因此他錄製簡單的影片，內容是他解說一些較為複雜的數學概念。結果證明，娜迪亞喜歡他的影片勝過真人教學，因為她隨時可以打開來看或停下來，必要時還可以重看，不需要為了跟不上而感到不好意思。薩爾那時還不曉得，幫助娜迪亞學代數，竟然會引發全球性的教育革命。

令他大感驚訝的，他貼上 YouTube 給娜迪亞看的影片竟然也有其他人來看。要不了多久，觀看率一飛沖天，大家開始在他的影片下面留言，像是這一則：「我十二歲的兒子有自閉症，他的數學糟糕透頂。我們試過各種方法，看過一大堆影片，買過一大堆教材。我們無意間發現你在講小數的影片，他竟然能看懂。接著又看了一部令人生畏的分數的影片，他還是能看懂。我們都不敢相信，兒子高興極了。」

除了來自學生和家長的留言以外，連老師也來留言表達感激之意。有些作風前衛的老師，開始利用薩爾的影片來輔助他們的課堂教學，結果大大提升了學生的課業表現。薩爾則開始拼湊眼前的狀況，他明瞭到或許有個機會，可以讓他在教育界做點不一樣的事。

大量思索後，薩爾決定將重新審視教育視為使命，讓每個人都可以免費接觸到教育。這樣宏大的願景，薩爾必須擁護「砍掉重練」的方法。第一步，他解構學習過程的各種不同元素。首先，學習者必須親自參與活動，大多時候都是一群學生靜靜地聽老師講課。還有實地學習，這很奇怪，通常是學生自己一個人在家完成。薩爾一一破解了各科課程、教育理論、測驗、評分，當然，不能少了成績。要重新改造全球教育，第一步是要解構現有的教育體系，將之變成個別元素，才能夠去探索更新更好的做法。

下一步，薩爾開始檢視，他得到一些有趣的發現。傳統的教育方法是落伍的，這一點顯而易見。如果能在家講課，會更有效率，因為學生可以按照自己的節奏收看。學生可以按照自己的想法開始、停止或重播，這讓他們能全盤掌握內容。但在學校，專業教師可以主動加入學生的實地學習體驗，而不是用單調的聲音對著學生獨白。

這樣一來，課堂體驗就變得更加活潑，合作感和參與感會變得更強。薩爾說明：「一位教師不管有多厲害，都只能對著三十名表情空洞、些微帶有抗拒的學生講授同一套內容，而現在，我把它變成人性化的體驗，教師和學生之間可以真正互動。」

薩爾發現的另一項洞察，是學生經常還沒有完全掌握核心概念，就得繼續上接下來的課程，在他們之後的求學歷程造成下游問題。如果學生能在一項重要概念學到八成，他們會得到B的分數然後晉級。但並沒有任何體系能補足剩下的兩成落差，而這個問題會擴大，學生的整體學習因而造成影響。薩爾把這個現象用學騎腳踏車來比擬。如果沒有真正學會如何右轉，會不斷練習到學會為止。但在學校，這種沒有完全學會的問題會受忽視，學生仍舊可以繼續晉級，未來卻有跌倒的可能。

雖然他發現的情況，有些未見得是我們曾想過的問題，有些則是理所當然。根據聯合國的全球性教育報告，全球有六億一千七百萬名兒童的閱讀和算術能力沒法達到熟練水準，該報告將之稱為「學習危機」。少數族群和低收入地區受到的影響特別顯著，這跟卡利・史威尼和他在底特律貧困地區設立「下城拳擊館」的故事毫不相悖。當某種危機擴大成全球現象時，其中的挑戰甚至更加巨大。以巴西為例，高中生的數學能力只有百分之七能達到與同年級學力相應的水準，秘魯的八年級生只有百分之十五能勉強達到基礎閱讀和寫字的水準。

薩爾・可汗明白了教育界的問題，他在二〇〇八年放棄原本輕鬆的工作，創立了可汗學院（Khan Academy）。這家非營利機構有個宏大的使命：「提供免費的世界級教育給任何地方的任何人」。薩爾從基礎開始重建教育，先從解構當下的狀況開始，接著評估，以獲得洞察和該如何改變的想法。可汗學院有大型的免費課程影片資料庫，課程語言多達三十六種，都由上課方式有趣又能吸引注意力的各領域專家授課。這樣的做法，讓學生能按照自己的步調學習，隨自己的意願重複收看。老師也能夠翻轉學習模式，把時間花在加強個別學生學習，而不是千篇一律講課。

薩爾說：「傳統的教學模式裡，大部分教師的時間都花在講課、打分數等諸如此類的東西。他們的時間大概只有百分之五或十，能好好跟學生一起坐下來解決難題，而現在他們可以把全部的時間拿來做這樣的事。我們做的是讓教室人性化，我敢說，應該比以前增進了十倍。」

可汗學院的系統還根據「精熟學習」原則，為老師和學生提供進階性的技術，這項原則，最初由教育心理學家班傑明・布隆姆（Benjamin Bloom）在一九六八年提出：「學生必須充分掌握之前所學到的東西，才能進入下一階段的學習進度，這樣才能完全消除知識的斷層。」薩爾將傳統學習過程中會使人跌倒的地洞，稱為「瑞士乳酪」，他堅信如果把那些洞口找出來填補，學生將會大大受益。

在可汗學院設計的系統下，學生學完某項概念後會有線上小考，他們必須全部答對十個題目，才能進入下一階段。聽起來好像很辛苦，但這樣對學生比較好，確保學生完全搞懂了核心原則，日後的學習才不會出現障礙。凡此種種，系統都會追蹤並透過色彩繽紛的線上儀表板通報給老師，老師便能集中注意力在每位學生的特定需要上。

今天的可汗學院成果驚人，根據美國費城針對一千多名四年級小學生的研究顯示，每星期平均使用可汗系統三十分鐘的學生，達成該州所設定學力標準的成功率，比未使用該系統的學生高出二點五倍。

加州長灘市（Long Beach）有五千三百四十八名中學生，每星期納入一堂可汗學院的數學課，他們在智慧平衡評分系統上得到的分數，提高了二十二分。使用可汗系統的學生，達成該區學力目標的人數是未使用的學生的兩倍。二〇一九年，二百七十萬名學生使用可汗學院的大學申請入學學術能力測驗預備課程，才投入二十小時的上課時間，平均分數便提高了一百一十五分。

現在，每個月有超過一千七百萬名學生使用可汗學院。光在二〇一九一年，可汗的平台便為世界各地充滿求知慾的心靈，提供了八十七億分鐘的免費課程。

由於薩爾追求解決如此重大的問題（全球性教育危機），用的是高度創新的「砍掉重練」方法，因此，他能夠找到所需資金實現願景。可汗學院從比爾與梅琳達蓋茲基金會、谷歌基金會和其他慈善捐贈者獲得捐贈。現在，可汗學院獲捐贈的資產高達八千五百萬美元，得以持續重新想像教育，幫助培育未來的主人翁。

可汗學院所處理的是全球的重大問題之一，但相同的「砍掉重練」心態，還是可以拿來對付個人規模較小的挑戰。大家可以解構、檢視、重建用來面試求職候選人的方法，或為客戶製作請款發票的方法，或在街角商店買東西時裝購物袋的方法。無論正在發明新的電玩遊戲、重新規劃辦公室空間以增進員工認同度，還是在長途卡車上平衡地裝載好滿滿的建材，只要能捨棄傳統做法，「微創新大突破」便會跟著浮現出來。

下一章，將要探討日常創新家的第五項執迷：「選擇不尋常的路」。接下來的不尋常冒險中，將會認識寶僑企業的麻煩製造長（沒看錯，這就是他的職銜）達士汀・蓋瑞斯（Dustin Garis），及強尼杯子蛋糕（Johnny Cupcakes），一位惡作劇家、成功創業家、以及T恤「烘焙師」。

準備好一起來古怪一下，製造些麻煩吧。

第九章　選擇不尋常的路

熱烈期待的粉絲排起長隊，人龍綿延了兩個街口。已經就地紮營等了三十六個小時的死忠粉絲，互相比較他們身上深愛的英雄圖案刺青。現場氣氛蠢蠢欲動，群眾開始倒數還要幾分鐘大門才要開啟，他們終於能夠買到限量供應的商品。

在洛杉磯市中心這地方，大家可能會以為大批的狂熱粉絲正等待搶購歌手泰勒絲（Taylor Swift）的演唱會門票，或為了搶下艾倫．狄金妮絲（Ellen Degeneres）日間脫口秀的前排座位。又或者蘋果公司是不是又發表什麼科技新玩具，還是哈雷機車（Harley-Davidson）又出什麼限量款——以上皆非，現場好幾百名望眼欲穿的死忠愛好者辛苦排隊，只是想買一件四十美元的T恤。

歡迎來到強尼杯子蛋糕的世界，這位「強尼杯子蛋糕」正是地球上最有個性的服飾品牌背後的靈魂人物。強尼杯子蛋糕的品牌標記是以他為化身的圓滾滾卡通人物：臉頰紅潤、穿著吊帶褲、跑著追逐杯子蛋糕的前青春期男孩，而全世界現在已有超過兩千名狂熱顧客，驕傲地在身上刺了這個男孩的刺青圖案。《波士頓環球報》（Boston Globe）封他為頂尖零售業創新家，《彭博商業周刊》（Bloomberg Businessweek）的青年創業家排行榜上將他名列首位。地位崇高的商學院把這位荒誕不經的願景人士故事寫成案例研究，他位於波士頓、洛杉磯、倫敦、瑪莎葡萄園島（Martha's Vineyard）的商店，動不動就吸引大批人潮，還需要出動警察維持秩序。看到這種大陣仗，或許有人會以為這人是什麼科技大師還是搖滾巨星……都不是，強尼只是個賣T恤的。

強尼看起來像年輕一點的瘦版超級瑪利歐（Super Mario）。或像《巧克力冒險工廠》的威利．旺卡（Willy Wonka）那樣，全身上下瀰漫著夢幻氣息，他講話速度很快，但思慮非常周密。他臉上總是帶著淺笑，身上帶著香草的味道，從房間另一頭就能聞到。「我靠著哄騙謀生賺錢」，我們一見面，強尼就冒出這句話。「我經營一個T恤品牌，我們的T恤商店看起來和聞起來，就像真正的烘焙屋一樣。你要從大型烤箱走進來，那是我們店的秘密通道，但店裡並不賣任何吃的。我們在工業型冰箱裡展示圖案T恤，採用糕餅紙盒，而不是普通的購物袋，店裡聞起來有糖霜的香甜味。我們要透過說故事的藝術，讓客人感到小孩子般快樂，藉此創造獨特的體驗。」

波士頓的紐伯里街（Newbury Street）遍布高級餐廳、藝術畫廊，還有精品義式冰淇淋店。經常有毫不起疑心的客人排隊，要進入強尼的「烘焙屋」，想買個什麼特別的甜點。當「烤箱」冒出蒸氣，大批人群圍在冷藏的展示櫃前，需要花點時間才能明瞭這都是開玩笑。發覺真相以後，一半的新訪客會笑笑，拍張自拍照，然後買件四十美元的T恤，另一半則發怒，轉頭就走。但所有人離開後，都有個新奇的故事可以講給別人聽。「事實上，多半都是那些生氣的顧客跟人講起我的品牌，」強尼告訴我：「有人會說，『那就是法蘭克叔叔討厭的店，我們去看看怎麼回事』，然後他們離開時手上都多了件T恤。」

在高度同質化的產業裡，強尼杯子蛋糕享有大批有如邪教信徒般的追隨者，他領導著一個成長快速，瘋狂受到歡迎的品牌——在已嫌擁擠的產業裡締造了不起的成就，這樣的結果，直接來自於日常創新家的第五項執迷：選擇不尋常的路。

大部分人要做決定——不管大小，都會把可能的發展侷限在大部分人都能接受的範圍裡。我們自動在左右側立起護欄，以確保不會從正常軌道上歪掉太多，絕大因素是為了保護自己不要落入不利的後果中。殊不知，剛好與直覺相反，這種打安全牌的行為，反而成了風險最高的對策。這樣做或許不會被人訕笑，卻要冒著更大風險變得平庸和無關緊要。為了對抗這種思維，日常創新家竭盡全力探索出人意料的事物。他們捨棄看來不用費力就能想到的點子，選擇非傳統的想法。他們明瞭那些古里古怪、異乎尋常的想法，才能夠脫穎而出，寫下歷史新頁。就跟強尼一樣，日常創新家懂得「選擇不尋常的路」。

強尼杯子蛋糕是各種矛盾攪和在一起的混合體。二十歲出頭時，強尼跟人組了重金屬搖滾樂團，但他至今從沒嘗試過酒精，也沒呼過一口煙。在這個數位世代，他收藏古董打字機。高中時有朋友找他賣大麻，強尼反而販售糖果給他好友的顧客，因為他們都想吃甜食。他的杯子蛋糕店，只在四月一日愚人節那天販售真正的杯子蛋糕。「當我的朋友都去參加派對跟可愛女孩廝混時，我則在手工藝品展跟可愛的老女人廝混。」他笑道，彷彿是想當然耳，當他準備要成立創意產業時，他選擇了乏味單調、競爭激烈，同質性強的T恤這一行。

理性說來，一般人一定不會想以賣T恤為業，在高級品牌那一端，要跟拉夫勞倫（Ralph Lauren）、露露檸檬（Lululemon）、古馳（Gucci）等名牌競爭。在平價品牌戰場，則要面對殺到流血的價格戰，血汗工廠和油水多多的供應鏈，會變成最頭痛的事。如果要讓品牌脫穎而出，需要準備可以跟巴拉圭國民生產毛額匹敵的廣告預算。但強尼心知肚明，如果他能打破俗套，標新立異，他有贏的機會。為了達成目標，他和團隊採用成為「杯子蛋糕視野」（他們用來形容大膽創意設計的名詞）的觀點，做出各種誇張設計，很難有人視而不見。從T恤設計、店面布置到引人注目的行銷花招，每一項決定都要通過古怪測試才行。

萬聖節時分，他的店白天拉下鐵門，只在夜深人靜時開張。各零售點都會改造成鬼屋，為求概念完整，還會搭配上恐怖音樂、煙霧製造機和爆米花。隨著真正的大節日到來，他們會製作捏造的電影預告片，像是《吸血鬼抹刀伯爵》（Count Spatula）或《雙頭主廚活屍崛起》（Rise of the Two-Headed Zombie Chefs）。他們接著會按照這些主題推出限量版T恤，裝在可供收藏的錄影帶盒子裡。

強尼繼續說道，「我在Craigslist分類廣告網站上找到一個令人發毛的人，我用兩百二十美元跟他租了一輛貨真價實的靈車和一具棺木。全國性媒體都跑來一探究竟，為什麼會有一輛靈車停在不賣食品的烘焙坊裡，有好多人等著要進來，隊伍排到對街去了，結果我反而大賺一筆。」

大約兩年前，強尼租了一輛冰淇淋貨車，開著它巡迴全國各地銷售T恤，他將之稱為「冰淇淋世界巡迴」。他的T恤裝在大型的冰棒造型包裝盒裡，讓這個奇想活動更加好玩又令人印象深刻。還有一次，他扮成全身綠色的愛爾蘭矮妖精（leprechaun），躲在波士頓地區民房的後院裡。他把出沒地點公開在社群媒體上，每次被人發現，他就會趕快更新貼文。「如果從一個躲在人家後院的大鬍子小矮人那裡得到一件圖案T恤，我保證你一定會跟人家說，」強尼邊裝出愛爾蘭口音，笑呵呵地說著。

透過幽默和出人意表的做法，強尼的業績跟他搞笑的手法一樣受到注意。根據業界消息，製作一件T恤的平均成本是三點一五美元。強尼杯子蛋糕的T恤，一件大約三十五到六十美元，限量版的要超過四百美元。

透過好像幫派成員的逗趣化名和孩子般的稚氣玩心，這位喜歡搞事的人總是用「杯子蛋糕視野」尋找方法做些不尋常的事。「我把我的名片跟汽車空氣清新劑一起裝進保鮮夾鏈袋裡，所以聞起來有香草糖霜的味道。因為我跟家居用品店（Bed Bath & Beyond）買了太多，以至於現在還自行製造並販售強尼杯子蛋糕的汽車空氣清新劑。」

如果用網路訂購他們的商品，收到時打開包裝盒，可能會發現裡面沒有所訂購的東西。「我很喜歡這樣做，我們會將隨機品項放入訂單中，」強尼邊說邊露出狡詐的笑容：「可能是一張免費貼紙，可能是一張二十美元鈔票和T恤。也有可能是一個娃娃頭，一包電池，一張手寫紙條。有時候會拿到老樂團街頭頑童（New Kids on the Block）或忍者龜的卡牌。」

這位古怪的惡作劇專家起家的時候，不僅沒有資本，沒受過正規訓練，也沒有任何產業經歷，他卻靠著荒誕不經建立起一個企業王國。而我們也可以靠著同樣是出乎意料的做法，來達到甜蜜如五彩糖霜般的成果。

搞笑耍蠢，要視所從事的職業或性格而定，或許不一定該是必備招式，但還是可以忠於自我本色，走出不尋常的路。如果經營汽車經銷商，能夠走的古怪路線應該是讓員工穿上

NASCAR 賽車的連身賽車服，而不是穿著沾到芥末醬的尼龍料格子西裝。如果經營社區義大利餐廳，可以在客人用餐後，送上義式脆餅的幸運餅乾。（是誰說只有去中餐廳才能拿到這好玩的東西？）如果經營診所，所謂的不尋常可以是提供就診患者準時看病的保證，要是醫師沒有準時到診，患者可以從彩色百寶箱裡面選一個神秘禮物。每個人對古怪的感受各有不同，會使得這個概念更加吸引人。

如果讀者曾覺得自己跟別人格格不入，人家看自己是個怪胎，或是個麻煩製造者，那麼這項執迷就是屬於讀者你的。

世界上的各個古怪選項

來快速瀏覽一下全世界的狀況，看看如何證明「選擇不尋常的路」是日常創新家的贏家策略。

讓我們一起來看看這些超古怪的選項方法：

地點	冰島，伊薩菲厄澤（Isafjordur）
問題	過去十年間，行人的交通事故增加了百分之四十一，事因許多莽撞駕駛沒有留意行人。
常見的解決方案	提高罰款、加裝昂貴的照明、派出更多警察。
不尋常的解決方案	以三維立體圖案重畫行人穿越道，使其看起來彷彿懸浮地面以上三呎，提高駕駛人警覺，大幅減少事故。此外，還變成很好的自拍景點！
地點	荷蘭，阿姆斯特丹
問題	腳踏車製造商 VanMoof 出貨給客戶時，商品損壞率高，不僅成本大幅提高，客戶滿意度也大打折扣。
常見的解決方案	更多更昂貴的保護包材，或採用高級品專用的精緻貨運。
不尋常的解決方案	他們發現腳踏車的包裝跟液晶電視差不多大（但液晶電視的運送損壞率很低），VanMoof 公司便把紙箱設計成看起來是裝電視的紙箱，這只多花了一點點印刷墨水錢，損壞率就降低了百分之六十五。
地點	日本，京都
問題	長久以來，蒼蠅是養牛業的惱人問題，牛沒辦法像馬把討厭的蟲趕走，蒼蠅會影響牛隻的餵食、放牧和睡眠，造成養牛農家重大的經濟損害。

常見的解決方案	昂貴的高科技補蠅裝置、可能有毒性的殺蟲劑。
不尋常的解決方案	斑馬很少被蒼蠅叮咬，因為身上的黑白色條紋，會擾亂蒼蠅判別深度。因此研究者以無害的有機顏料，將牛噴成像斑馬一樣的斑紋，結果蒼蠅的叮咬率下降超過一半以上。如果把這種做法推廣到全世界的養牛產業，可以省下二十二億美元。下次不妨留意看看有沒有黑白條紋的牛。
地點	**新加坡**
問題	加油站上等著加油的車子非常多，若是駕駛記錯油箱蓋位置，把車子開到錯誤的那一側時，就必須掉頭開走重來，造成時間上的拖延。
常見的解決方案	裝設更多加油機、增加人力指揮駕駛開到正確的位置。
不尋常的解決方案	將加油機架高，加油槍懸吊在空中，可以自由拉到車子的任一側，這樣就完全解決了這問題。
地點	**南韓，首爾**
問題	在超市買香蕉向來是個兩難，呈現完美黃色的熟香蕉可現吃，但很快會爛掉，選擇綠色的卻還要等好幾天才能吃。
常見的解決方案	買兩串蕉，但會浪費許多根。

不尋常的解決方案	南韓的零售業龍頭 E-Mart 超市推出「一日一蕉」，一盒當中有七根按照熟度排列的香蕉，這種包裝深受消費者喜愛，不僅銷量大增，利潤也跟著大幅提高。
地點	**美國密蘇里州，堪薩斯市（Kansas City）**
問題	法蘭克．瑟蘭諾（Frank Serano）非常生氣他家外面的路上出現大洞，即使他以幽默的方式向有關單位提出抗議，但一直都沒人來修。他很擔心有人會受傷，或有車因此受損。
常見的解決方案	繼續抗議，鼓動社區更多人一起抗議。
不尋常的解決方案	法蘭克為已經存在三個月的大洞辦了「生日派對」，他在大洞前放了五彩繽紛的蛋糕，還點上蠟燭，唱生日快樂歌。他把這段影片貼上網路，很快得到數千人觀看，引起了市政府道路維修處注意，結果這個大洞在二十四小時內就修好了。
地點	**德國，法蘭克福**
問題	約會網站 NEU 想要觸及更多單身男女，好提升網站業績，但他們只有微薄的行銷預算來做這件事。
常見的解決方案	預算超支、舉辦昂貴的舞會派對，或乾脆慢慢成長。
不尋常的解決方案	他們製作數百隻單腳不成雙的襪子，上面用紅色粗體字印了「你也單身嗎？」的德文字和公司網址，再派遣實習生去當地自助洗衣店，將襪子偷偷塞進洗衣機中，藉此發掘潛在的單身顧客。

就跟第一章提到的研究一樣，每個人都擁有豐富的創意和出人意表的點子，等待發掘。發揮創意就是表現自我，那是自然本色。現在，我們已經學到如何萃取創意的新鮮技巧，具備了收穫大量「微創新大突破」所需的條件了。

麻煩製造者

收件人：達士汀・蓋瑞斯（Dustin Garis）
寄件人：寶僑人資部
主旨：違規行為

親愛的蓋瑞斯先生：

本公司尚無規範騎乘賽格威（Segway）的守則，因此，請勿踰矩。您必須即刻停止在寶僑辦公室、製造工廠或經銷中心範圍內騎乘賽格威平衡電動車。

達士汀收到這封信，不禁火冒三丈。「什麼？因為過去沒做過某件事，就沒有相關守則策，所以要預設我們不應該做？我永遠都不能嘗試新東西嗎？」這是寶僑前任全球創新主管和麻煩製造長達士汀．蓋瑞斯說的話。全身黑色打扮的達士汀，話語就跟臉上的鬍鬚一樣簡短齊整。他說話的速度很快，滔滔不絕吐出精闢話語，像是：「如果我們想打亂現狀，就不能把時間只花在解決問題上，必須製造問題。」他的手勢精煉且有目標，不禁讓我聯想起世界撲克大賽的決賽選手。

達士汀講到他多年前從人資部收到的警告信時，渾身散射出自豪。他每次收到信，就把那張信裝好框，掛在辦公室牆上的醒目位置。他接到的警告非常多，像某次開會前先請歌劇團歌手唱歌，把他的辦公室搬到使用中的電梯，以及在上班時間騎一條一千八百磅重的公牛。從在新加坡蒙上眼吃飯到在印度只用水桶洗澡，達士汀從不怕惹上麻煩。一開始，這個「麻煩製造者」的頭銜只是同事間的玩笑。最後，這家有一百八十三年歷史的巨型企業正式乾脆將達士汀．蓋瑞斯聘為公司的第一位「麻煩製造長」。

達士汀擔任了幾年資深行銷主管職後，加入新成立的創新團隊「寶僑未來工事」（FutureWorks），並擔任主管。委派給這個團隊的職責，遠超過傳統上以商品為焦點的研發工作。相反的，寶僑未來工事的任務是要重新想像公司的整體未來，追尋新業務、市場區隔和客戶。

達士汀解釋道：「寶僑未來工事是公司的創業精神引擎，這裡是麻煩製造者的聚集地，他們可以在這裡蓬勃發展，擴張既有規則，改變大眾對商業模式和新商品的期待。我可以說是拿到正式執照，讓我釋放創造力和探索各種不同的途徑，用新鮮的觀點來看公司，採用寶僑慣用以外的做法，不受任何既有規則的限制。」

在作風保守，市值達六百八十億美元的巨型企業環境裡，達士汀和所屬團隊盡情追尋異想天開。他們重新審視寶僑旗下的每個品牌，尋找始料未及的創新機會。他們曉得有數百萬名消費者在家洗衣服都使用汰漬（Tide）洗衣精，寶僑未來工事便推出汰漬乾洗服務，這是寶僑第一家獨立門戶的消費業務。有別於過去典型由夫妻檔經營的洗衣店，汰漬乾洗服務則利用科技提供二十四小時全年無休的取件服務，這項科技就像提款機一樣，可以隨時提供乾淨衣服。這項高科技專業乾洗服務，可說是劃時代的體驗，很快就讓大批客戶捨棄深陷在高度競爭的舊式洗衣店，採用他們的服務。今天，他們在二十二個州設有一百二十五個據點，讓汰漬這個已有七十四年歷史的老牌子，拓展出成功的新氣象。

成功拿下汰漬這一局後，達士汀和團隊接著在清潔先生（Mr. Clean）品牌下推出連鎖洗車服務。在亞洲，他們推出寶僑旗下高檔護膚品牌 SK-II 的護膚沙龍。他們甚至還研究在印度發展清潔用水和遠距醫療中心的計畫。所有計畫的共同主題都是要推展創意的疆界，從事最初視為不尋常的事。「這種事太常發生了，在可以任由想法自由馳騁的事情上，沒有必要自動關閉想像力。把這種心態做個一百八十度反轉，就能夠解鎖了不起的點子，」達士汀說明給我聽。

達士汀在加入寶僑企業許久前，即已是個麻煩製造者，大學畢業後，第一份工作在可口可樂，回憶起當時的一件事，他說：「記得那時我在可口可樂當雜工，我們收到一份會議邀請，公司執行長要在會中報告。在他報告完之後，我追出去在走廊攔下他，向他自我介紹我會是他日後的接班人。當時我不過是個二十幾歲的毛頭小子，卻有這樣的膽識說出引起他注意的話。在那之後，我們一直保持聯絡。由於認識了彼此，我向他提議我夢想的全球性創意職務，就是到世界各地去尋訪不同的創意計畫。他簽准了這個提議，然後我就出發了！」

「我們常因為閃躲而錯失了勇於舉手自薦，去追尋看起來一點也不切實際的特殊計畫，」達士汀接著說道：「但把自己丟到情境當中，就會摸清楚該怎麼做了。」為了達成目標，達士汀身體力行，他把自己放進不確定的混亂情境中，這就需要採取非正統策略才行。對達士汀來說，怪異才是王道。

能夠有這樣的機會，把他的創意說給傳奇的創新家聽，達士汀感到欣喜若狂。寶僑在創新的領域上非常豐富多產，他們有相當多劃時代的發明，例如第一件拋棄式尿布幫寶適（Pampers）、第一條含氟牙膏（Crest），及第一瓶綜合洗衣精（汰漬）。這家公司的同一組瘋狂科學家還發明了威拂（Swiffer）除塵紙拖把。我得老實招認，我和太太蒂亞要是沒有一把威拂拖把，跟在我們的雙胞胎後面，真的不知一天該怎麼過。

然而，當達士汀在二〇一〇年加入寶僑未來工事時，寶僑正處在急需把他們的創意重新開機的關頭。二〇〇〇年之後的頭幾年當中，該公司只有一成五的創新計畫能達到公司的目標。在當時的執行長艾倫．賴夫里（A. G. Lafley）領導下，寶僑致力於扭轉這個命運，全力投入建立一座創新工場。除了投入大筆金錢以外，賴夫里也非常注重在全公司上下建立起創意文化。他要求全公司十二萬七千名員工，每一個都要「選擇不尋常的路」。

寶僑的企業領袖曉得不能永遠仰賴過去的成功模式，因此改變做法，轉而培育大量的「微創新大突破」。舉汰漬為例，他們不追求一鼓作氣的改頭換面，而是透過數個在不同地方取得的小勝利，將這個品牌的營收在不到十年內從一百二十億美元拉到二百四十億美元。除了前面提到的乾洗服務以外，消費者現在還有眾多諸如汰漬隨身去漬筆、汰漬隨身溼紙巾、汰漬抗菌織物噴劑、汰漬洗衣膠囊等豐富產品可選購。每樣新產品推出之際看起來都很特異，但沒有一樣偏離汰漬品牌專注在織物清潔的核心焦點太遠。若把這些奇異的小點子合併起來，反倒為這個可以寫進歷史的長青品牌，交織出驚人的成長奇譚。

「看我們的歷史就知道，推出促銷或許可以帶來幾季佳績，但只有創新才能長長久久，」在賴夫里之後，繼任執行長的鮑伯．馬當諾（Bob McDonald）在二〇〇九年如是說道。立基於前任在創新所做的努力，馬當諾繼續在寶僑未來工事和其他研發計畫上投注資源。大量的投注為他們帶來出色的成果，寶僑在創新事業上的成功率從之前提過的一成五翻了三倍以上，達到五成，這在同業是聞所未聞的大成就。就在十年裡，寶僑的營收雙倍成長，利潤則達到五倍。

現在的寶僑，仍舊在追求創新的傳統上持續開疆拓土。舉例來說，幫寶適推出的嬰兒監視系統（Lumi）不只提供讓爸媽安心的錄影功能和睡眠監控，還能偵測房間溫、溼度，甚至感應寶寶尿片的乾溼狀態。歐樂B（Oral-B）的新款iO電動牙刷能夠跟手機連線，要是牙刷得太用力，還會提出警示，並教使用者如何提升牙齒清潔。還有吉列牌的TREO刮鬍刀，它是第一支設計給照護人員為他人刮鬍的產品，刮鬍刀內建刮鬍膏、安全刀片，握柄設計成為人刮鬍時好持的握柄。

早在達士汀為寶僑製造麻煩前，這家公司即已在產品以外的範圍率先嘗試古怪的概念了。他們是第一家提供分潤計畫給工廠工人的消費性產品公司、第一家提供產品試用包，也是第一家建立自有市場調查部門的公司。寶僑甚至是第一家贊助日間電視劇廣告的公司，這就是為什麼那些灑狗血的戲劇節目稱為「肥皂劇」的由來。今天，這些行銷策略看起來都很普通，但在當初剛開始這樣做的時候，可都是跟達士汀搞出的伎倆那般石破天驚呢。

德國哲學家叔本華（Arthur Schopenhauer）說：「所有的真理都要經過三個階段：首先，受到嘲笑；然後，遭到激烈的反對；最後，獲得理所當然地接受。」至於我們得到的重要收穫，是那些有勇氣追尋標新立異（還要夠早和夠頻繁）的人，會是寫下歷史新頁的人。

思考一下現在生活中不可或缺的東西，再試著用十年前這些東西尚未出現前，那時候的視角來看。想像一下，在一九九七年跟某人描述 iPhone 是什麼東西，大概會被人笑是瘋了吧。如果回到更早之前的一九八九年，試著跟某人解釋什麼是谷歌搜尋引擎的話，對方大概會好心建議趕快去看醫生。再者，要是跟一九三〇年的人描述什麼是網飛（Netflix），那時連電視都還沒出現呢，聽起來一定荒謬至極。

奇特的途徑才會推動社會向前，奇特的做法才會帶來成功，奇特的選項才會造成大眾需要的改變，奇特的思維能解鎖創新，奇特能夠成事。

好的，從奇特星艦下船登岸後，讓我們快速地以曲速移動到日常創新家的下個執迷：「善用資源：牙膏要擠到一點不剩」。本書將要探討電動機車的新創公司、大型的研究型大學、機器人藝術家，他們雖然都只掌握有限資源，但都很懂得善用資源到最後一滴，用少來成就多，最後達到令人驚嘆的成果。

第十章　善用資源：牙膏要擠到一點不剩

在柏林的戶外音樂節舞台上，正展開魔幻的音樂盛宴，龐克金屬樂團為成千上萬名吶喊的樂迷表演。貝斯手弓著背彈奏手上的樂器，一邊擺動著頭，手指一邊動得火熱，精準地按在弦上。鼓手的眼睛和嘴巴大開，腳隨著節奏打拍子，他忘情地敲擊他的大鈸，發出巨大聲響的低音鼓震撼著觀眾的脈動。突然，一道出乎意料的電子笛音劃破人群，長笛演奏者動人心弦的獨奏，將現場的音樂氣氛炒熱到新一波高潮。音樂棒得沒話說，但光是音樂還不足以迷倒樂迷。不，這場演出真正叫人吒舌之處，是台上現場演出的樂手都是機器人，他們都是用垃圾場撿來的零件做出來的。

這些會演奏音樂的金屬人型雕塑，是柏林藝術家柯亞．庫格勒（Kolja Kugler）的心血結晶，他二十五年來一直致力於用廢棄品創作藝術。「我沒接受過任何訓練，所做的東西都非常粗糙原始，」柯亞謙虛地說。他從九〇年代初期即開始使用廢金屬製作作品，那時他加入了木圖以廢棄物會社（Mutoid Waste Company），這是個藝術家集團，專門利用除役的軍用機械改造成藝術作品。他學會焊接和栓螺絲釘，但更重要的，他學會從一般人認為無價值的廢棄物中看見美。大部分人看著眼前的廢金屬，看到的是垃圾，但柯亞卻能從中看見鳥、看見狗，最終他看見了化成人型的機器人形體，讓他組成搖滾樂團。

「我發現這些鉗子能幫我創作出看起來很嚇人的骷顱頭，」他說：「我拿鉗子做成下巴，這樣機器人的嘴巴就可以開合。利用廢棄物做出雕塑，我開始使用機械零件讓他們展現生命力。」他想要使創作的物品能夠活動，便開始研究氣動力學，這是種使用壓縮空氣來驅動機械動作的工程系統。氣動系統讓柯亞得以透過操作一個開關讓鉗子做的嘴巴開合，使他能創作出更豐富的表情。

當廢棄場零件和柯亞利用氣動實現的想像衝撞在一起，新穎的機器人種便誕生了，這具機器人命名為「艾爾頓．廢料爵士」（Sir Elton Junk，這是戲謔英國歌手艾爾頓．強爵士（Sir Elton John）的諧音。）。接下來的十年，柯亞調整機器人艾爾頓的四肢、手、和頭部，讓機器人看起來彷若真人。柯亞著迷於把這些沒價值的廢棄物改造成藝術品，最終把它們變成了音樂。有沒有可能，只用報廢素材創造可以巡迴表演的機器人金屬搖滾樂團？這個冒險就此開始。

柯亞不斷精益求精，這些可動的雕塑一一發展出自己的性格。今天的艾爾頓．廢料爵士是這個樂團的經紀人，他會坐在舞台上壞掉的購物車內，監督他的樂團演出。艾爾頓完成了以後，柯亞開始創作樂團的第一位成員。「我要讓這座雕塑彈貝斯，而且它要看起來很酷才行，」柯亞解釋道：「我從實地動手做中學習，從機械和塑像的性格中取得平衡，這花了我四年時間，而我有好幾次都嚇壞了。」為了紀念他好幾次的嚇壞，柯亞將這具雕塑命名為「嚇屬人貝斯手」。

嚇屬人貝斯手的身體，很大部分是用廢棄場撿來的汽車部件建造起來的。機器人線條分明的下巴，曾屬於福斯高爾夫汽車，鞋子則是從不要的寶馬汽車的氣門室蓋墊片做成的。柯亞在哥本哈根小巷內，撿來被丟棄的木炭夾和街燈罩來做機器人的腿。壞掉的電視天線則拿來製作雕塑的中間軀幹，完美地展現出貝斯手的硬蕊勁道。

鼓手名叫瓦礫．艾德霍分（Rubble Eindhoven），不久前才取代他的前任轟隆．恰克（Boom Tschak）。柯亞自豪地說：「這一具是我目前做得最精緻的機器人」，負責長笛演奏的幾隻機械鳥，棲息在已經鏽蝕了一半的電視天線上，想當然耳，它們就叫「笛音鳥」（Flute Flock）。雖然柯亞缺乏資金、設備和全新素材，但我可看不出來他缺少任何創意點子。

「音樂會」進行的時候，柯亞用許多開關、轉盤拼裝成的控制板，來調整音樂的瘋狂程度，他還有一把老舊的電子琴，用來編寫音樂。他的樂團表演經常出現技術故障，這迫使樂團的靈魂人物他本人要上台，在崇拜他的粉絲面前現場修理。

柯亞・庫格勒現在已在這個特異領域裡成了名人，成功地迷倒世界各地眾多藝術行家和機械愛好人士。他的創作獲得國際媒體報導，他這個「唯一的愛機器樂團」（One Love Machine Band）吸引到的迷妹比專業音樂作品還多。柯亞的創意表現和了不起的成就，直接來自於日常創新家的第六項執迷：「善用資源：牙膏要擠到一點不剩」。

當大部分人想到創新時，心裡很快會自動列出所缺資源的清單，感覺總是缺少了些東西，時間、金錢、原料、支援、頻寬、運算能力、訓練或員工。我們任由缺乏資源這件事絆住自己，認為自己不可能往前邁進，但事實上，用較少的資源做到更多的事，正是創造力厲害的地方。日常創新家能夠認同善用手上資源的需要，他們會運用自身的內在資源——也就是想像力，來彌補任何外在資源的缺乏。他們了解受限的情境，遠比豐足有餘能夠促進突破。處在飢餓缺乏的狀態，必須奮力擠出牙膏中的最後一點，讓他們以迅猛之勢超越充分飽足的敵手。

要是能拿到國防承包商預算和美國太空總署無限供應的原料，柯亞・庫格勒的機器人龐克金屬樂團就不可能那麼特別。事實上，要是他手握豐富資源的話，也不太可能創作出這些音樂雕塑。一次又一次，最值得大書特書的創新，都是誕生自匱乏，這對沒有信託基金，沒有安全網，或沒有願意大方供應的金主的人來說，可說是令人欣慰。從「微創新大突破」到震驚世界的創新之舉，創作者和創客透過「用盡最後一滴牙膏」，得到優異的成果。

想想，在我們父母的年代，他們沒用約會軟體，也還是遇見了彼此。雖說我大學多念了一年，但沒有手機、筆電，甚至電子郵件，還是畢業了。海明威沒有微軟文書軟體，也還是寫出了優秀的作品。迪士尼動畫《獅子王》（The Lion King）的票房高達十億美元，然而這部電影大部分是迪士尼動畫師一筆筆用手畫出來的。摩根大通（JP Morgan）在還沒有Excel試算表的時候，已成為銀行業傳奇，位於紐約曼哈頓的洛克菲勒中心（Rockefeller Center），它建造的時候也沒有電腦輔助設計軟體可用。叫人驚嘆的是，十九世紀時的路易斯與克拉克遠征隊（Lewis and Clark）沒有谷歌地圖可用，仍舊完成首次橫越美國東西岸的壯舉。

「牙膏要擠到一點不剩」，這說的是要活用手上的資源，而不是要讓缺乏資源阻礙持續前進。有句十五世紀晚期的俗語說，「需求是發明之母」，這句話到今天仍舊適用。從人類第一次發明鑽木取火以來，需要利用有限資源想出解決辦法，一直是創新的根基。凱倫・普羅森竭盡手上有限的資源推出純粹口香糖，卡利・史威尼也是利用相同的方法，以小額預算成立下城拳擊館。

缺少了什麼

這種情況並不少見，匱乏會打擊追求創新的意志。我們可能缺少訓練、時間、材料、金錢、天賦、存貨、技術、土地、倉庫空間、辦公桌、設備、法規上的自由度、許可，或許多即使是最自信聰明的人也會受挫的不足。不過有沒有可能，匱乏其實是被掩飾成障礙，其實它是我們要尋找的成功之鑰？

我相信傑夫．思提（Jeff Citty）必定做如是想。傑夫是佛羅里達大學（University of Florida）創新學院的主任，他是學界中少見願意奮力挑戰傳統的人士。不管是哪裡的教育機構，這都不是一件容易的事，尤其是在聲望崇高的保守大學環境。當大家聽到「佛羅里達」冠名在高等教育的學校名稱前頭，想到的都是海灘上曬得黝黑的胴體，而不是在圖書館埋首念書的學生。其實佛羅里達大學是一所重要的研究機構，《美國新聞與世界報導》（U.S. News and World Report）將之列為美國優秀公立大學的第七名。佛大是「公立常春藤學校」，教育品質可比擬私立常春藤盟校，且不用付出高昂的學費的少數幾家大學之一。我身為佛大畢業生，可以為佛大課程的水準和嚴謹做證。佛大校園占地兩千英畝，每年預算有兩百一十億美元，來自一百四十國的五萬六千名學生在此求學念書。即便這所大學擁有舉足輕重的重要性和豐富的傳承，傑夫仍敏銳地察覺到他們缺少了幾樣東西。

跟所有大學一樣，佛大有資源未獲充分使用的問題。他們秋季學期會收到太多入學申請，但春季和暑假期間的申請又太少。每年十二月會有兩千名學生畢業，可以騰出空間給新生，然而過了秋季學期以後，申請入學的人數卻驟降。傳統的學年制導致教職員、設施和資源在某幾個月必須承載大量學生，但其他時段又過度閒散。這樣的不對稱很難處理，因為全年度的成本是一致的。更有甚者，佛大因為資源吃緊，秋季學期入學申請的接受率僅有三成九。許多符合資格的好學生因申請的時機不佳，結果無法來念這所大學。

即使佛大是大型的大學，傑夫還是留意到他們缺少了其他東西。雖說佛大在多元性方面已高於全國平均以上，但在這項重要的指標方面，仍舊是在二千七百一十八所學校中排名第四百七十三位。相較於在公立大學當中排名第七，他們在多元性方面還是有落差。此外，為幫助畢業生順利在職場生存，創意性的問題解決法、抽象思考力、複雜的決策法等能力變得至為重要，但傳統的大學課程裡並沒有提供這類技能。他也發現，佛大位於佛州根茲維市（Gainesville），但幾乎全數佛大畢業生在完成學業後都不會留下來就業。在他的設想裡，他希望能在當地創造吸引力，讓學生畢業後能有強大的理由留下來。

雖說佛大整體來說經營得不錯，傑夫認為還是有很多方面可以補強。申請秋季學期入學的申請者太多，空間不夠，冬季學期的學生又太少。學生的多元性有所缺乏，課程需要增加二十一世紀所需的職場技能，好讓佛大畢業生成為企業偏好的人才。話說回來，缺少的東西還真不少。

傑夫不想躲在象牙塔裡，他必須加緊努力。他說服了校長和教務長設立極具開創性的新學程，這就是傑夫在二〇一三年成立的佛大創新學院。這個學程讓佛大學生得以在三十個不同的主修科目以外，副修「創新」的科目。其關鍵在於，這個學程從冬季學期開始，學生要接受一項會延續到暑假的學習和生活體驗，這樣一來，平衡了原本夏、冬兩季學生人數過少的問題。

設計這個學程的目的，是要吸引多元背景的學生，因此族裔和性別的組成比大學部的學生都豐富。這個學院跟當地的科技孵化器合作，提供真實存在的創業計畫機會，試圖消弭學術界和當地商界之間的落差，以便鼓勵學生創業，畢業後能繼續留在根茲維市。學生還會學到相關的重要技能，例如如何推銷生意點子、如何發想新的解決方案、如何運用創意解決難題。

課程內容包括：創意實務、創業原則，以及透過領導力助長創新。實地學習和操作重於理論，這個學程的最後重頭戲是要求學生完成一項計畫，他們要發想自己的新創企業點子，在潛在投資人組成的評審小組面前簡報。學生除了沉浸在重視創意表現的環境裡之外，還必須發展協作和簡報技巧。創新學院如此特出，以至於獲得非凡的成功。創新學院現有一千零三十八名學生，占整個大學部學生總數的百分之三。別忘了，佛大在一八五三年成立，是擁有一百六十年歷史的宏偉大學，學生總數的百分之三是個不小的數目。跟大學部整體數據相比，從創新學院出去的學生，畢業即就業的成功率也相當亮眼。來徵才的企業非常積極地招募創新學院的學生，包括谷歌、花旗、NBC 環球媒體集團（NBC Universal）。「雇主都很喜歡創新學院幫助學生發展創業思維，」傑夫為我解釋道。

今天，當我們檢視這個學程的時候，會看到它融合了各式各樣的點子，而每樣點子都奠基於開放性的問題：「我們還缺少什麼？」不是綜合大學能夠提供的豐富，反倒是感到匱乏的因素，導致創新學院的誕生，這家學院現在正教導下一代學生，藉由問他們自己還缺少什麼，去發掘更多機會。傑夫用「擠光最後一點牙膏」的方式，創立了先驅性十足的學程，他也教會了每位畢業生擁抱善用每一分資源的觀念。

時間到

時間，是最常被當作創意遭到約束的最大敵人。諷刺的是，反而「缺少時間」這回事

（又叫截止期限）激發出歷史上許多偉大的創意作品。林曼努爾．米蘭達解釋道：「我寫作一定有截止期限，不然一定會一事無成。當每天晚上八點一定要待在某個地方時，這會迫使自己管理好自己的時間。」林曼努爾走到他現在職業生涯的這個階段，能賺到許多金錢也得到大量支持，但他仍舊跟你我一樣，受到一天只有二十四小時的約束。然而，他還是一定要善用資源，把「牙膏用到一乾二淨」，就是要以最大極限使用他僅有的一天時間，來創作出最好的作品。

不管喜愛還是討厭，電視動畫《南方四賤客》從一九九七年開播以來即一直是當紅炸子雞。現在它已播了三百多集，堂堂進入第二十四季，《南方四賤客》是電視史上最長青，也是很賺錢的影集之一。這部動畫影集之所以那麼成功，關鍵因素是創作者特瑞．帕克（Trey Parker）和麥特．史東（Matt Stone）時間管理得很好。大部分的動畫節目，事前都需至少十個月設計和策劃，帕克和史東每一集的劇本，從寫好到完成只需要六天的時間，他們都只在播映前幾個小時才將最終版本交出來。

不斷逼近的截止期限，可以讓多數作者心跳驟停，但《南方四賤客》背後的這對創作靈魂，則是刻意拖到最後一刻才交稿。這樣做，他們才能將最新、最哈燒的話題放進節目裡，而且就在眼前的截稿期限，也不容許他們過度思考，反而稀釋了精彩的好點子。網飛紀錄片

《六天後播出》（Six Days to Air），所拍攝的就是《南方四賤客》製作過程，片中，帕克解說緊湊的截稿期限，會逼他們發揮創意到極限，沒時間猶疑推敲每一項決定。最終，他們相信身處在時間壓力下，會是逼迫人發揮創意的最好做法。

當我們在跟時間賽跑時，不妨著重在「微創新」，以便能夠「大突破」。不需要在六天內寫出一部得獎電視劇，才能夠以「微」成就「大」，相反的，要把短短的時間，看作短程衝刺想像力的機會。尖峰時刻車流量大時所多出來的十一分鐘，可是用來短短地激盪一下創意，而不只是坐在方向盤後面厭煩而已。會議與會議間的片刻，或許就足夠用來思考小而美的點子。日常創新家的心態，就是要善用手上稀少的資源。

當覺得缺少資源的時候，就是發揮機智，靈活運用現有資源的時刻了。

不靠油箱，駛向未來

這位仁兄全身墨黑打扮，修長貼身的全皮製服裝，使他看起來彷彿電影《鋼鐵人》（Iron Man）的某個角色。他頭戴賽車安全帽，全黑遮光罩使他看起來好像反派的風暴兵，試圖隱藏自己神秘的身分。這位身形修長的人跳上他的雙輪風火輪，猛地傾身衝向私人賽車道。要不了多久，他已經馳騁在賽道的髮夾彎上，從觀眾身邊呼嘯而過，然後在短短的直線賽道上，加速到幾乎時速一百英里。這位看起來神出鬼沒的車手名叫塔拉斯·克拉夫卻克（Taras Kravtchouk），在炎熱的六月天，他騎著車掀起一陣炫風。不過這個場景似乎缺少了點什麼，車手在封閉圈道上騎著高性能重型機車，並非不尋常的景象，但這可是一次前所未有的新穎騎乘。如果這是一次普通的重機騎乘，會聽到內燃機引擎的怒吼聲，會聞到混雜了機油、汽油和廢煙的獨特氣味。但今天這場活動卻靜悄悄的，什麼氣味也沒有，彷彿有人關掉了在場目瞪口呆觀眾的味覺和聽覺感官。在那炎熱的一天，唯一能聽到的是眾人情緒激昂的心跳聲。

眼前這輛讓賽車迷和國際賽車界人士心蕩神馳的工程奇蹟，是塔拉斯的公司塔風（Tarform）出品的全電動、零排煙的電動重型機車露娜（Luna）。這款電動機車的誕生故事就跟車子本身一樣引人注目。

露娜不是由機車大廠如哈雷機車、杜卡迪（Ducati）、山葉或川崎重機設計出來的，也不是寶馬或鈴木等大車廠的特別企畫。這款革命性的機車是由總部設在紐約布魯克林的新創公司推出，這家公司的創辦人為了勝過那些億元級身家的大車廠，也無所不用其極地「榨乾最後一點牙膏」。

塔拉斯．克拉夫卻克（Taras Kravtchouk）出生於俄羅斯，在瑞典長大，他在校時念視覺傳播、介面設計、三維模型技術，以及電腦程式，接著，他擔任網頁設計師一段時間。他興趣廣泛，從設計到環境保護等等，最不可想像到的應該是塔拉斯待在燈光昏暗的修車廠裡，替渾身刺青的客人修理重型機車。在二十歲時，他愛上了這種二輪猛獸。跨上重機，就好像擁有了自由和帥勁。

「我的第一輛重機是我還在瑞典時買的山葉XS400，我對這東西完全沒有概念，」塔拉斯在我們對話的開場時這麼說。他說話字斟句酌，衣著量身訂製，他的身形非常瘦削。脫下了他的鋼鐵人服裝後，我心想，他看起來就像那些虎背熊腰的重機狂熱騎士會狂揍一頓來取樂的白淨書生，一點也不像將整個重機界改頭換面的人物。他的行為舉止，彷彿正坐在義式咖啡屋裡，一邊啜飲雙份濃縮咖啡一邊討論文學和哲學。非也，他此刻正坐在位在布魯克林的車廠裡，裡面擁擠不堪，四處散放著備品部件、扳手、螺帽，大量的電腦傳輸線連接到不同裝置上。

塔拉斯從瑞典搬來美國前，白天經營設計工作室，晚上則兼差經營重機修車廠。設計和重機這兩個領域相互衝撞之下，他開始夢想全新的機車。特斯拉電動車的大獲成功激勵了他，他開始描繪高性能電動重型機車。這種機車有沒可能兼顧高品質又能讓人買得起？這種機車有沒可能兼顧高科技和美型設計？他想，他要的就是機車界的特斯拉。

二〇一七年十月，塔拉斯正式創立了他的公司。當多數天真的創業家都先從募資開始，塔拉斯採取了更為省錢的做法。「我擁有一家小店，也有基本工具。我這麼對自己說，好吧，就動手做，我就打造一輛原型機出來，然後看看能怎麼樣。就這樣，沒資源、沒資金、沒人。」

「設計的一項重要原則，是在極度受限時特別有創意，」塔拉斯繼續說道：「如果沒有受限，計畫很容易就不知道漂流到哪。如果資源有限，那會真正迫使自己推向極限。」塔拉斯開始動手，看看能從他小小的一條牙膏管裡擠出多少牙膏來。

頭幾個月，塔拉斯將他的原型機調整得更好。他在概念上不能妥協，但在做法上必須盡量節約。為達到目的，他把概念講給幾家工程公司、高階製造公司、材料專家和高階設計專業人員，以尋求他們的協助。他曉得這項計畫非常吸引人，可以當成精緻的案例研究，因此，他向許多供應商和專家尋求協助。他的合作夥伴從三維列印到專精圓形液晶顯示器的公司，都同意提供專業、設備和部件，而且是免費的。

「我們得到的協助並不純粹是材料，還包括對方的工程技術和研究結果，」塔拉斯說明：「有家夥伴公司的三位工程師，幫我們設計原型機馬達的軟體，只是因為他們覺得我們的東西很酷！每位設計師都夢想可以經手像這樣的案子。這使我們建立起一個社群，加入的人都帶著這種『好酷，我能做什麼？我也想參與』的態度，就這樣，我們得到大量的幫助，也省下了大筆經費。」

不到十八個月的時間，塔拉斯便打造出兩部運作良好的原型機。塔拉斯自己，再加他在Craigslist廣告網站招募到的一位機械工程師、和一位電子工程師，一起在擁擠的車廠裡工作，總共花的錢不到五萬美元，就做出了這些。

與之成對比的是哈雷機車，他們在二〇一〇年初即宣布要研發電動機車，據報導稱已投資超過一千億美元。經過了九年，哈雷機車開始生產首輛電動機車「Harley LiveWire」，但是生產線才運轉了一個月，就因機械故障而關閉。塔拉斯的所有，僅僅是一條已經半空了的旅行尺寸小牙膏，對比哈雷機車擁有整座倉庫的牙膏，甚至是專業的牙醫團隊，塔拉斯卻靠著他所有的而跑得更快更遠。

既能節約資金，又能找到廉宜材料，塔拉斯且具有大師般的效率管理時間。有一次，他花了兩個小時找到一位懂車機視覺辨識的機器學習專家，才花了四十五分鐘，便成功延攬對方加入他的計畫。塔拉斯還發掘了一名懂仿生技術的永續專家，不到四十八小時的時間，他也把對方找來幫忙處理高性能生物材料，以便提升環保要素。原型機修改和升級的速度可比

NASCAR 賽車站上維修技師的手腳那般快，也讓塔風越來越能夠以商業形式發表。

在接下來的一年中，塔拉斯募到一筆微薄的資金，讓他能聘請更多人手，買下低成本設備，並推動公司朝全面生產的目標邁進。在這緊湊的過程中，都是將一連串「微創新大突破」結合起來，才成就今日這個震撼力十足的品牌。

永續性是塔拉斯的首要目標，他用模組化的方式設計機車，這樣一來，像是車體之類的核心元素，可以保持五十年不壞，至於電池組之類的部分，則在有需要的時候，可以很容易更換或升級。此外，大部分車輛的壽命，只比其出廠保固多一或兩個月，之後就遭到被丟棄的命運（最後可能會由柯亞．庫格勒撿去做音樂機器人）。一般內燃機引擎機車所使用的傳動系統，會使用超過兩千個活動部件，塔風的設計師團隊則將這部分減少至少於二十個。

電動機車不排放廢氣，因此永遠都不用更換機油，所使用的材料不會傷害環境。「我們的零組件是用亞麻纖維、回收再利用的鋁金屬、生物可分解的皮革製成。我們的使命是要製造環境永續的車輛，這點絕不妥協，」塔拉斯告訴我。

在設計方面，他們的機車看起來極致優美，早期的電動車看起來好像把烤麵包機放在四個輪子上，塔風的電動車則不然，它融入現代和復古元素，創造出視覺上極為洗鍊優美的機車。

包含感測器、攝影機、人工智慧等高階技術，則保證了它的性能和安全性。舉例來說，如果在騎塔風露娜時有另一輛車從後面靠近得太快，坐墊會立刻發出震動警示，後視鏡頭會自動跳出畫面，顯示在圓形高畫質螢幕上。充電則只需插進一般插座即可，五十分鐘即可充到八成電力。塔風電動機車沒有排檔和離合器，加速到時速六十哩只需三點八秒，續航力可到一百二十哩。

塔拉斯正式向外界公開他的機車時，機車界驚豔不已。經歷過一輪媒體窮追猛攻詰問後，塔拉斯受邀在洛杉磯的彼得森汽車博物館（Petersen Automotive Museum）展示塔風露娜電動機車。他解釋道：「全世界聲望最卓越的汽車博物館想展示這輛在布魯克林一家小店，用一堆三維列印造出來的機車，而且還放在眼鏡蛇賽車（Shelby Cobra）旁邊，簡直是太夢幻了。才不過兩個月前，我還在努力把這輛車組起來，那時的我絕對無法想像。」

到了前述二〇二〇年六月賽道日試車那一天，塔風已接到超過一千一百張訂單。這簡直難以想像，塔拉斯三年前成立公司的時候，其實只募到微薄的一百三十萬美元資金。如果要拿來比較的話，特斯拉達到相同的里程碑時，則花了六年時間和一億八千七百萬美元。至於世界前五大機車廠牌，雖然他們有龐大資源，但至今卻還沒推出任何同級電動機車。三十五歲的塔拉斯．克拉夫卻克，具有延展時間和金錢的能力，能夠利用巧思來填補資源缺口，這讓他在面對最可怕的敵人時，也能揮出漂亮的一擊。

和塔拉斯對談時，我既想要、也需要知道更多，塔拉斯如何用這麼少的資源獲得這麼大的成就？「我在開始做之前，讀了一本電動機車的書《流動的力量》（Power in Flux），」他解釋道：「這本書寫了十家公司嘗試做電動機車的故事，但他們都徹底失敗，沒辦法做出可達到產品品質的電動機車。我仔細研究每一則故事，學習他們哪裡做錯、哪裡花太多錢，以及我該如何避免落入相同的陷阱。」這些前輩過於注重發明每一件元件，結果不僅衝高成本又浪費掉時間。塔拉斯從他們的錯誤中學習，盡可能使用現成元件和材料，這使他能以遠超過前人的速度和低廉的價格，將他的機車推上市場。

對談結束時，我問塔拉斯，是否有哪樣重大的東西導致他的成功，我很高興聽到他說，他贊同我的「微創新大突破」哲學。「那不是一樣東西……而是許多許多小東西——圓形液晶顯示螢幕、我們在布魯克林的小車廠，融入永續性到設計當中、成千上百個小小的改進和升級——所有這一切加起來，才成就了大勝利。」

在道別的時候，塔拉斯回憶起過去：「我一開始時很怕機車，母親在我很小時就告訴我做什麼都可以，就是不要去騎機車。」結果他前往追尋最害怕的東西的路上，卻找到了成功，不是很諷刺嗎？塔拉斯開始創業時，沒自信、沒錢、沒經驗，沒受過相關的訓練，也沒有人脈和資源。但他卻能善用資源，巧妙地把「牙膏擠到一點不剩」，創造出了不起的事業、人生和典範。

現在，我們都用光了牙膏，口腔已經變得清香又潔淨，是時候來探討日常創新家的下一個執迷了，那就是「用餐後必來顆薄荷糖」。等一下，要帶大家來看看米其林餐廳、在市場掀起風暴的運動鞋新創公司的故事，他們在資源不如令人畏懼的競爭對手的情況下，如何應用驚喜和愉悅在市場上獨樹一格並獲得成功。

第十一章 莫忘來顆薄荷糖

當白雪開始從高聳的十四英尺窗外落下時，幼小的孩童藏不住他們的興奮之情。一對父母帶著孩子坐在一家世界知名的餐廳裡，這些從西班牙來的孩子，都是第一次看到下雪。從很久以前，他們即已熱切期待，在紐約這家經常獲選為世界頂級餐廳的麥迪遜公園十一號（Eleven Madison Park）用餐。一名服務人員聽到孩子看到雪開心的歡呼聲，接著，餐廳同仁便著手為他們準備一次難忘的體驗。

「客人的興奮開心給了我們動力，」餐廳的一位老闆威爾．桂達拉（Will Guidara）這麼說：「我們自問要如何招待客人，讓他們享受白雪鋪地的美景，得到好像魔法般的體驗？所以我們決定買來四架閃亮的全新雪橇，在他們用餐完畢後，派出司機駕駛休旅車，載他們到夜晚的中央公園，盡情暢玩雪橇。當我們看到孩子臉上開心的表情，我們曉得，所有為當下營造歡樂的努力都值得了。」

麥迪遜公園十一號，以它洗鍊、具現代感的內部陳設，歡迎鑑賞力敏銳的美食愛好者，來此享用精緻感和價位都屬於世界頂級的食物。由聖沛黎洛礦泉水（S.Pellegrino）贊助的世界五十大頂尖餐廳的評選中，麥迪遜公園十一號在過去九年內便入選了八次，更在二〇一七年奪下排行榜之冠，使它成為有史以來第二家拿下此殊榮的美國餐廳。這家餐廳曾經四度拿下美國餐飲界的奧斯卡：詹姆斯比爾德獎（James Beard Foundation Awards），其中一次是餐廳總主廚也是老闆之一的丹尼爾・荷姆（Daniel Humm）獲封為全球最佳主廚。在各種高級餐飲報導和指南上，無論是《紐約時報》、《米其林指南》、《富比士旅遊指南》、Zagat 餐廳評選，麥迪遜公園十一號所贏得的星星遠超過美國星條旗上的星星數目。但真正使麥迪遜公園十一號成為一流餐廳的，既不是食物也不是餐廳的氣氛。

在高度競爭的精緻餐飲界裡，麥迪遜公園十一號之所以能獨樹一幟，則是因為他們全心實踐了日常創新家的第七種執迷：「莫忘來顆薄荷糖」。

或許大家曾去過高級餐廳，享用完美味大餐後，主廚招待的松露巧克力或一小杯手工渣釀白蘭地，便格外使人心滿意足。如果餐點品項是自己從菜單上點的，那就不會覺得有那麼特別。相反的，如果是意外的驚喜或額外招待，這份用來清新口氣的「餐後薄荷糖」，就會格外使人感到殊榮。「餐後薄荷糖」——姑且不論是真的可以吃的糖或其他，我指的是商家拿出比顧客要求的更多，傳遞超出原本承諾的用心。以我們想達到的目的而言，所謂的「餐後薄荷糖」代表小小的、額外的創意錦上添花，將原來普通的成品提升到超凡入勝的程度。

麥迪遜公園十一號的兩位老闆威爾．桂達拉和丹尼爾．荷姆，把「餐後薄荷糖」概念化為制度，他們所做的已遠超過可以吃下肚的範疇。他們在餐廳裡設立了「織夢人」團隊，這組人力既不負責上菜，也不洗廚房。他們只專注一件事，就是為顧客送上「餐後薄荷糖」——讓顧客難以忘懷的驚喜和愉悅體驗，像前文提到，他們為西班牙家庭安排的雪橇之夜。「我們曾為一名樂迷顧客，把私人包廂改裝成搖滾樂演奏廳，也有一對夫妻本來要去島嶼度假，但班機突然取消，我們就把包廂改裝成度假海灘，裡面還放了一座兒童充氣泳池和海灘椅，」威爾說明道：「正是這種時刻，會讓人一輩子都忘不了，或許還會跟朋友大講特講，而也正是這種時刻激勵了同仁。」

織夢人團隊負責透過事前調查，並收集當下與顧客的對話線索，接著就快速行動，讓美夢成真。曾有對夫妻預約了要來用餐慶祝結婚週年紀念，織夢人團隊調查發現，他們第一次約會就是吃雪球刨冰。等這對夫妻享用了結婚週年晚餐，服務人員為他們端上精緻的全手工雪球刨冰，端上前片刻才由主廚在廚房裡精心製備。

威爾和丹尼爾將「莫忘來顆薄荷糖」化為制式程序，結合到他們的中央營運哲學當中，對此，他們稱為「九五／五法則」。威爾解釋道：「這意思是說，經營這家餐廳，有九成五的時間錙銖必較，精打細算，但是剩下的百分之五，花錢可以像傻子般完全不用計較。」威爾告訴我，經營團隊在管理營運和預算的時候，用的是「終結者般的明快效率」，這樣，才有那百分之五的空餘來投入為顧客營造驚喜的各項創意附加服務上。

有時候，「餐後薄荷糖」是以食物的形式呈現，譬如當服務人員聽到顧客抱怨說來紐約太忙了，都沒時間好好享用一客紐約熱狗堡，此時織夢人就會趕緊跑到外面，從街邊小販買來熱狗，在他們的精品廚房裡裝飾成高級美食，擺在閃亮的銀盤上，端出去給不知情的顧客。更多時候，這些「餐後薄荷糖」跟食物一點也搭不上邊。舉例來說，這條「九五／五法則」也會用在內部人員身上，像盛大到過頭的員工派對、用於團隊建立（team building）的出遊，以及許許多多意料之外的好東西。

「我跟你說個九五／五法則的秘密，」威爾對我告白：「我剛才說可以像傻子般花那百分之五的錢，不是說我們真的很傻，或許看起來是傻，但實際上是刻意的。其實那些都是花得最聰明的錢，這些投資帶來的回報，就算不是難以測度，至少也非常巨大。這個百分之五會為人製造回憶，促使他們為我們讚好。這個百分之五讓我們在職場上有即興發揮的空間，把餐廳和公司變成不管是服務別人、還是接受服務都非常好玩的地方。」

這項哲學發揮的成效，遠超過他們在烹飪上給人帶來的喜悅。為了營造出難忘的體驗，餐廳人員會邀請客人在用餐期間，把手機留在特製的盒子裡，以便他們能全心參與待會的盛宴，而不是偷偷在桌子底下查看訊息。

在麥迪遜公園十一號用餐時，處處都有富創意的貼心小舉動，有時客人甚至察覺不到。經過精心設計，每一枚餐盤都會輕巧地放置在客人面前，而不是撲通一聲重重丟在桌上。背景音樂的音量，會隨著餐廳來客數目而變化。晚餐時段剛開始時，音樂調得比較大聲，以便客人入座時營造出活潑的氣氛。等越來越多飢腸轆轆的顧客抵達，空間逐漸變得飽和，音樂會轉為柔和，以便交談時不需放大音量。雖然客人不一定會留意或讚美上菜時的細緻手法，或是背景音樂的適切變化，但他們安排的每項「微創新大突破」都為創造出頂級的整體體用餐體驗加了分。

麥迪遜公園十一號的卓越成功，可以說是生動地描繪出「餐後薄荷糖」的威力。只要發揮一丁點不在預期中的創意，就可以產生大到不成比例的回報。威爾和丹尼爾的百分之五投資，為他們的餐廳帶來龐大回報，顯現在他們的成長、利潤、獲獎數和眾人的認可。在比例上來說，這很小的驚喜和享受，卻為他們在飲食界取得的成就扮演了重要角色。

對我們來說，這個概念可以套用在許多方面。「餐後薄荷糖」可以是任何預期以外的附加事物，像是額外的點子、省下時間，或是實體贈品等等。如果要寫一份關於五大競爭對手的報告，所謂「餐後薄荷糖」版，便是會把它寫成七大競爭對手的報告。又或者把報告製作成設計精美的彩色版本，而不是一般常見的黑白文件。還記得嗎？大衛・伯德把管理報告做成饒舌歌，才開啟他的音樂生涯。

如果顧客預計自己在星期四下午做出回覆，那「餐後薄荷糖」版就是提前一天，在星期三早上聯絡客戶。餐後薄荷糖當然也可以是實質的禮物，總之它的意思就是拿出比原本更多的東西。用多出百分之五的創意來完成工作成品，就能夠讓人得到更多期望的成果。

免費的附贈禮品

自從好傢伙焦糖爆米花（Cracker Jack）在超過一個世紀前即在每盒爆米花裡附上小玩具開始，眾人就著迷地愛上這小小的免費贈品。孩提時，我總是等不及地把整盒爆米花倒出來，好找到想要的那枚神秘解碼戒指。比較小的時候，我也吃太多麥當勞漢堡和薯條下肚，都是為了收集快樂兒童餐裡附送的玩具，長大後則是為了玩麥當勞的大富翁遊戲，因為有可能中更多獎。現在我已經是成人了，逛好市多吃各種免費試吃品，則是我最喜歡的外出娛樂活動。這並不僅是因為貪小便宜……而是額外贈品的吸引力難以抗拒。

暢銷作家傑・貝爾（Jay Baer）在他二〇一八年出版的書《話題招客術》（Talk Triggers）中，詳細解說了「附贈禮品」的現象。這本書的前提是基於品牌需要在正規提供的東西以外，再做些其他事情，好讓消費者口耳相傳。他指出，小小的、富創意的投資，可以帶來巨大的口碑效應。傑認為，「餐後薄荷糖」無論其形式和規模，都是最具效率和效益最高的行銷投資。他提出了一些範例給我們。

表面看來，位於佛羅里達州奧蘭多市的魔力城堡飯店（Magic Castle Hotel）跟其他數十個同地區的飯店沒什麼兩樣。甚至魔力城堡不像其他飯店那般時髦奢華，它吸引人的地方是飯店游泳池邊設有一支「枝仔冰熱線」。飯店鼓勵客人走向那支掛在牆上的大紅色電話，跟工作人員點他們最喜歡口味的枝仔冰。要不了幾分鐘，就會有一名鄭重打扮的飯店人員，用銀托盤為客人呈上所點的冰涼點心。重點不在於飯店贈送免費冰棒，而是他們打造出獨特又很有衝擊力的體驗，這使得它跟其他差不多價位的飯店與眾不同。有名開心的客人在耶（Yelp）評論網站上貼文：「我給一百萬顆星！我八歲的女兒說要給這家飯店『一百萬顆星』。所有企業都該學學如何讓顧客體驗超乎他們的預期。」

麥克戴蒙水電工程公司（Mike Diamond Plumbing Company）是在南加州提供修水管、冷氣和電路服務的公司，跟其他數不清的公司一樣。修水管是非常普通的服務，身為老闆的麥克，宣稱他們家派出的都是「清潔無臭的水電師傅」，藉此區分與其他公司不同。這也巧妙地暗示了競爭對手的師傅，聞起來就像運動用品袋一樣汗臭沖天。在這案例裡的「餐後薄荷糖」，指的是麥克戴蒙水電承諾會派出整齊清潔的技師，這不僅讓人發笑，更重要的，也讓人注意到這家公司。

如果曾去過像迪士尼或是六旗（Six Flags）之類的主題遊樂園，恐怕還會記得，只要走進大門後，要花的錢會越來越多。收費過高的停車場、軟性飲料、防曬乳，經歷過這些，我心裡實在有股衝動，告訴孩子或許明年去免費的州立公園會更好玩。不過，位於印地安納州的假日世界主題樂園（Holiday World）則採許了不同的方針。他們的薄荷糖，則是提供免費停車、無限暢飲的汽水，園區各處設有免費的防曬乳供應站。在競爭激烈的遊樂行業裡，假日世界反而表現得比最大的競爭對手還好。他們不砸大錢做廣告，反而讓餐後薄荷糖慢慢形成口碑。

洛杉磯市中心的洲際飯店七十一樓，布雪利牛排屋（La Boucherie）是家食物好、氣氛佳的高級餐廳，不過洛杉磯這種餐廳有好多家。讓布雪利牛排屋值得記上一筆的，這裡有專門的「侍刀師」帶著飾有徽章的典雅手提箱來到桌邊，讓每位客人自行挑選他們想用的牛排刀。先說，客人不能把刀子帶回家，所以對餐廳來說不是巨大的成本。不過，他們的「餐後薄荷糖」是讓客人從眾多選擇中挑選他們中意的餐刀，這會讓客人回去後傳播，希望下次再來。

我們也別忘了位於蒙大拿州瀑布城（Great Falls）的 Sip 'N Dip 酒廊，這家位於地下室的酒廊有一面透明的玻璃牆，玻璃帷幕後面是游泳池，酒廊員工每晚會拉開戲院氣氛滿點的紅色布幕，從九點到半夜十二點會現場上演美人魚秀。負責游泳的工作人員打扮成美人魚，他們受過美人魚式打水的訓練，來到酒廊的客人便得以欣賞這樣的奇觀。這個比較少見的「餐後薄荷糖」引起《GQ》雜誌的注意，把這家店列為全美最值得坐飛機一訪的酒吧。要不是有這麼有創意的附加贈禮，我很確定《GQ》永遠也不會派人前往蒙大拿州的瀑布城。

這些例子都顯示出「餐後薄荷糖」可以有這麼多種形式。在每個案例中，會引起話題的都是驚喜和愉悅的體驗，也讓有創意的企業在他們嫉妒競爭的領域裡贏得客戶的心。無論經營工業級化學廠、個人傷害法律事務所，或製作音頻的公司，不妨想想可用哪些創意的點子引起客戶話題。無論所在的領域或職業，千萬不要低估了餐後薄荷糖的威力。

鞋是否合腳

這座又熱又乾的城市奧卡拉（Okara）位於巴基斯坦，主要以製糖和酪農為人所知，直到西德拉・卡芯（Sidra Qasim）和瓦卡斯・阿里（Waqas Ali）到這裡做了沒人想像得到的事，才整個改觀。這對夫妻夢想要創立自己的公司，但擁有的經濟資源很有限，而且他們也沒接受過正式訓練或人脈。很多人都會做夢，但西德拉和瓦卡斯追尋夢想之路成形的開始，則事因為他們「愛上一個特別的問題」：不合腳的鞋子。

很多人不知道，大部分人的左右腳有一點不一樣。事實上，有七成的人左右腳尺寸差到四分之一號以上。諸位有可能在穿鞋時，發現左腳總是比右腳還緊，又或總是有一腳比另一腳容易酸痛。既然大家的左右兩隻腳普遍不一樣大，這對夫妻就不懂，為什麼買鞋時，兩隻鞋子只能同一尺寸？

西德拉和瓦卡斯生就這樣產生具有突破性的小點子：要是他們開一家完全重視合腳的製鞋公司，不知會怎樣？但要在巴基斯坦的家鄉開鞋子公司，看起來就跟泳渡阿拉伯海一樣不可能。要想跟鞋業巨頭如耐吉（Nike）、銳跑（Reebok）、愛迪達（Adidas）等公司競爭，就算兩人的銀行戶頭有五千萬美元和相應的哈佛大學商學碩士，也是非常高風險的提議。沒資源、沒經驗，也沒有任何訓練的一對巴基斯坦奧卡拉夫婦，要是妄想能夠對抗業界龍頭，成功率大概跟把我養的約克夏犬派去監督國土安全部一樣低。

但又一次的，創意成了抵銷劣勢的最有力條件。創意，能讓如你我，也包括西德拉和瓦卡斯一般的普通人，能夠進入公平的競爭場，運用日常創新家的原則，在競爭中獲得前進的優勢。這對夫妻精煉他們的想法，將畢生積蓄投入追尋他們的願景。

他們同樣遵循了區隔的概念，把整家公司的重點都放在鞋子的合腳與否。公司只賣一款鞋：「型號〇〇〇」，只有幾種單色可選，鞋身上沒有任何明顯標誌。沒有名人背書、沒有華麗圖案，也沒有霓虹黃的鞋帶。這些鞋都直接銷售給消費者，所以沒有任何通路策略。這些鞋子出奇地基本和簡單，只除了關鍵元素：這些鞋子的尺寸可以做到小到四分之一號的單位。他們把公司取名為「原子鞋業」（Atoms），這是為了彰顯他們相信微小的調整能夠提升合腳性，這是關於腳的「微創新大突破」。

他們的尺寸是這樣的，像我平常都穿八號的鞋子。如果跟原子鞋業買鞋，我要先選顏色，然後這家公司會出貨「六隻」鞋子給我。我會拿到七又四分之三號、八號、八又四分之一號的鞋子，左右腳各一隻。接著我在家用雙腳試穿每一隻鞋子，然後選出最中意的兩隻。最後可能會選右腳七又四分之三號，左腳八又四分之一號的鞋。不合腳的四隻鞋子會退回到公司（運費是雙向皆免），最後則會拿到兩隻都很合腳的鞋子。

原子鞋業運用了餐後薄荷糖的策略，把完美的合腳性作為他們主要的區隔點。他們是唯一一家以四分之一尺寸為單位賣鞋的公司，也是唯一一家可以賣左右兩隻鞋不同尺寸的公司。在競爭激烈的鞋業市場，原子鞋業現在有超過一千條五顆星評論，而且自從二〇一八年成立以來，銷售聲勢就一直扶搖直上。今天，這家新創公司克服一切不利條件，嘗到成功的甜美果實，他們得要加緊生產，才能滿足客戶的需求。以合腳性作為區隔點，再加上他們單腳鞋子可以做到四分之一號的餐後薄荷糖，這對夫妻取得了難以想像的成功。

極限腦力激盪

讀到這裡，讀者可能會開始想，該如何在企業、職涯或社群裡創造衝擊力十足的餐後薄荷糖。要達到這個目的，這裡提供簡單的腦力激盪技巧，這是用來幫助讀者發展自己的薄荷糖解決方案。普通的腦力激盪，就如同前面提到的，一般來說是幫助自己想出愈來愈多不至於乏味的點子。至於「極限腦力激盪」，則是要把想像力帶到全新的境界。

先從區隔出機會點開始，對卷雲飛行器公司（Cirrus Aircraft）來說，他們的區隔點是安全。對原子鞋業來說，則是合腳的鞋子。區隔點可以是任何範圍廣泛的公司內因素，像生產效率、客戶服務，或資料挖礦。也可以將「極限腦力激盪」應用到任何特定的問題或機會上，像「我們要如何降低員工的流動率？」或「我們可以做什麼，來提高在密爾瓦基地區的玉米薄餅銷售量？」

設定目標以後，進行構思衝刺，把那些值得進行下一階段的點子留下來。接下來進入極限腦力激盪階段，要把創造力盡力推向最遠極限，同時間必須將所有執行、成本或風險的因素拋在一邊。簡單來說，若不是屬於極限的點子，不可以分享出來。

若是為了降低員工流動率，極限腦力激盪出來的點子，可能會是把每個人的薪水加倍，美食主廚進駐提供免費的食物，或在財務部裡面增設沙灘排球場之類的。至於要在密爾瓦基地區提高玉米薄餅銷售量，極限點子可以是邀請知名拉丁樂團來開夏日音樂會，讓他們打扮成巨型薄餅，演唱發燒金曲；舉辦比賽，發放一千一百萬張薄餅當作獎品給幸運贏家；也可以是邀請明星主廚每週開免費的烹飪課。

我先說，這些點子可以說完全不切實際，要不是太昂貴不然就是太瘋狂。但可以先把想像力推到極限，然後再把那些天馬行空的點子收回到比較接近現實範疇，要是起步用的是力道微弱的點子，那麼想要擴大也會很難。

例如沙灘排球場，可以修改成年度的公司「奧運比賽」，讓員工彼此競賽，爭取獎品。找歌星扮成玉米薄餅舉辦夏日音樂會，則可以簡化成找一位歌手錄製一系列歌曲，在社群媒體上發表，不用真的找場地辦演唱會。從瘋狂的大點子起步，然後打磨掉過硬的稜角，比起從小點子開始，然後聽任實際面的龐大壓力壓垮自己，前者的做法更有效多了。就算想要的只是小型的創新，還是可以採用極限腦力激盪的方法，解放想像力到極限，只要把跑得最遠的點子拉回到現實面來就可以執行了。

餐後薄荷糖的綜述

還在尋找最喜歡的餐後薄荷糖口味嗎？思考這些公司是如何運用餐後薄荷糖，在他們競爭者眾多的領域裡獨樹一幟：

・種類

可羅摩多（Coromoto）是委內瑞拉美里達市（Merida）的傳奇冰淇淋店，他們販售的冰淇淋口味數量多到上了世界紀錄，總共有八百六十種，精確來說的話。他們的口味包含辣椒、番茄、醃黃瓜、大蒜、紅酒，還有奶油蟹肉濃湯。他們的冰淇淋我敢肯定一定很好吃，可還是有數百家冰淇淋店也都很好吃。這家店的餐後薄荷糖就是多到不可勝數的種類，才使得可羅摩多獲得世界級的知名度（我敢說他們一定有薄荷糖口味的冰淇淋）。

提供大量選擇是已獲證實的餐後薄荷糖策略，舉湯瑪士印刷行（Thomas Publishing）為例，它的目錄上有六百萬種工業產品、一千萬種電腦輔助設計圖樣，以及超過五十萬種詳細的供應商資料。如果想要尋找類似的東西，可沒有別家公司能像他們提供那麼大量的選項。

・速度

無論哪裡都可以買到一份火雞肉三明治，但想要趕快拿到的話，那就會去吉米匠（Jimmy John's）三明治連鎖店。這家公司給顧客的承諾就是提供「快到不行」的三明治送餐服務，也就是它區隔其他數百家三明治店之處。在現代腳步急促的社會裡，如果可以成為速度最快的，那在任何領域裡都會成為強大的區隔。動動腦，看看在自己的產業裡，要如何成為手腳最快的槍手。

・幽默

麋顎（Moosejaw）是一家販售衣物、帳篷、健走靴等戶外活動配備的零售商，他們的競爭對手包括 REI、Bass Pro Shop，甚至是亞馬遜。商品組合都差不多，他們的價格也肯定無法贏過別人。然而，麋顎喜歡採用挖苦的幽默作為他們的餐後薄荷糖。進入這家公司網站，看不到特價優惠，而是搞笑字句：「有沒有想過『嗚嗚』是鬼界的『哈囉』，我們都反應過度了？」我最喜歡這一句：「說真格的，要怎麼丟掉垃圾桶？」（這句話的笑點在於：垃圾都倒完了，也算是垃圾的垃圾桶怎麼還沒丟掉？）

他們的顧客會收到追蹤他們社群媒體的邀請：「快來追蹤我們，我們的 Instagram 有很酷的照片、贈品、狗狗，還有迷因圖字幕，那些都是我媽跟她朋友吹噓時會說的話。」在意見回饋的頁面上，他們則說：「除了霍奇的恐龍玩偶以外，在填了這個蠢表格後，麋顎是唯一會回覆個人意見給您的公司，請盡情發揮吧！」

麋顎就是以這種天馬行空的形象，在他們過度競爭的領域裡獨樹一格。假設想買件連帽防水衣，去麋顎能讓人開心大笑，幹嘛去一般無聊的店家呢？就連在促銷的時候，麋顎也很好笑：「我們為您省下的大把鈔票，都可以拿去玩摺紙了」。留意到了嗎？他們推出的幽默餐後薄荷糖，可不用花公司一毛錢。

・功能性

有沒有什麼東西加到產品或服務當中，可以增加功能性優點的？回到冰淇淋的話題，我的大女兒克蘿伊才剛滿二十一歲，過了這個生日，便進入合法喝酒的年齡了。為了慶祝，太太和我送了四桶醉醺醺酒勺冰淇淋（Tipsy Scoop Boozy Ice Cream）給她。這家店的特點是他們提供酒味冰淇淋，如黑巧克力威士忌鹽焦糖、覆盆子檸檬酒雪酪、蛋糕糊伏特加馬丁尼。替克羅伊訂購生日禮物時，就是看中他們含酒精的冰淇淋。我很確定克羅伊在這個大生日上，一定很享受她的第一口酒精滋味。

這裡我們要考慮的，並不是開發出全新的產品或服務，而是運用想像力，加上一點東西，讓原來的產品或服務更升一級。從比例來看，加一點龍舌蘭酒到芒果瑪格麗塔雪酪裡面，成本只是增加一小點，但就是這一點，就會使這項產品搖身一變。

・做好事

湯姆斯（TOMS）鞋業大獲成功的秘訣，則與產品毫無關係，這家公司開創了買一送一的模式，只要顧客買一雙鞋，湯姆斯便會捐贈一雙鞋給需要幫助的人。這家公司成立十三年來，已送出超過一億雙鞋給開發中國家的兒童，這也意味著該公司已售出超過一億雙鞋。顯然，他們將捐鞋的成本計入零售價當中，確實是讓客戶為公司的慈善使命提供資金的聰明方法。同時間，這種做法也讓湯姆斯跟其他同業的做法顯得不同。

他們的餐後薄荷糖策略，完全在於建立習慣性的直覺。想想，若是得寫提案、寄出電子郵件、做簡報、寄出產品、推出新網站，或把案件提到評審面前，在這一切之前，先按下暫停鍵問自己：「有什麼餐後薄荷糖是我加進去，而且真正能看見效果的？」目標只在花費多餘的百分之五精力、時間，或成本。多一點點額外的小東西，加一點創意花飾，就能夠幫助自己攻下不成比例的巨大效益。

第十二章

屢敗屢戰：跌倒七次，要站起來八次

燒得熾烈的火焰張牙舞爪，在夜空裡，看來彷彿是火山爆發。這場火災出動一百一十五名消防員，花了超過七個小時撲滅肆虐的大火。火災之後，只留下燒得焦黑的斷垣殘壁。將近兩百萬平方英尺面積的設備、庫存商品、倉庫空間全都付之一炬，化成一地冒煙的灰燼，此時此地是二〇一六年，紐約州費許克爾市（Fishkill），美式休閒服裝品牌蓋璞（GAP）的物流中心。好在這場大火沒有奪走任何生命，只是經過這樣的重創，蓋璞猶入存亡之境。第二大設施現在已燒成一片平地，而重要的節日購物季不到三個月就要到了，這會嚴重威脅到能不能順利出貨，滿足客戶的訂單。

人生中難免會經歷意外，無論是真實事件還是比喻。當然啦，有數不清的老生常談，教我們要反過來看失敗的光明面，但說真的，這些智慧話語並不能減輕重大挫敗發生時帶來的痛苦。老實說吧，跌個狗吃屎是痛苦的經歷，沒人想要。身穿格紋西裝的勵志演說家鼓勵大家熱愛失敗是一回事，那些淺薄的陳腔濫調並不能真正克服失敗的切身之痛。我個人經歷過失敗，很多、很多次，相信我，在那些時刻，最不想聽的就是乏味、俗氣的台詞。當我倒在地上流血時，需要可以拿來打仗的計畫，而不是誰好心擁抱。

為了趕快回到戰場，蓋璞必須採納日常創新家的第八項執迷：「屢敗屢戰：跌倒七次，要站起來八次」。這句話來自日本諺語，說明了日式禪學的韌性思想。這句話，在挑戰我們受挫後要爬起來恢復原狀，就算是面對最糟糕的前景也拒絕退讓。這句話教導我們，即使心情激盪不定，還是要想辦法保持冷靜頭腦，有條不紊，只著眼往前的下一步，能如水般適應變動，每一次爬起身，撢掉灰塵，都能調整做法，繼續往前走。

蓋璞的領袖靠著鋼鐵般的決心，弄清楚如何讓失去工作場所的一千三百位員工重返工作崗位，並確保客戶按時收到訂單。「那是一段非常艱難的時期，」蓋璞的全球物流資深副總凱文．昆茲（Kevin Kuntz）說道：「那天晚上，我們在田納西州的納許維爾（Nashville）設立起遠端指揮中心。」

昆茲和同仁專心討論可以有什麼實際行動，他們運用創意，努力盡快從地上爬起來。不到幾天，團隊在附近的倉庫建立起「快閃」物流中心，他們在此以人工處理訂單，讓更大的重建計畫得以成形。臨時湊合起來的快閃中心效率雖然不高，但至少工作都能夠完成，這樣一來，蓋璞及其旗下品牌的老海軍（Old Navy）、香蕉共和國（Banana Republic）和勁動

（Athletica）的客戶都能準時收到貨品。團隊同仁進入解決問題的模式，一個接著一個地解決遇到的挑戰，逐步朝復原和重建前進。

當眼前的問題慢慢緩解下來，團隊開始在燒焦的殘骸中看到機會。他們無論如何都得要重建，所以決定把這個情況當成創新的跳板。舊的物流中心運作並沒有問題，過去也缺少動力想像新的運作方式。但現在有完全空白的計畫圖，可以重新思考設備、人員、安全程序等一切事物。這成了打造未來營運方式的機會，將生產力和效率推向新的高度。事實上，團隊決定利用這個機會，建立標準制定營運中心，它必須很有效率，蓋璞才能將之做為世界其他營運點的模型。

「現在我們有了空白的圖紙，將如何為下一天、下一年、下一個十年建造設施？」當時的執行長亞特．佩克（Art Peck）這麼說：「那是一個創新的時刻。」佩克眼前的白紙，後來演變成公司採納各項新科技的開端，例如機器人揀貨、機器學習，以及用來優化營運的廣大感測器網路。該團隊將同樣的白紙策略，應用到人力配置、物流、倉庫管理，以及環境衝擊。一場毀滅了一切的大火，迫使團隊在每個層面都導入創新。

那場大火發生後近兩年，位於紐約費許克爾的物流中心成為公司營運網路中最有效率的設施，每天可處理超過一百萬件商品。根據公司的聲明指出：「新建的設施每天揀貨的數量，幾乎是火災前的兩倍」。

「危機發生的時刻，就是抖出真正本事的時刻，而這正是蓋璞的最佳時刻，」全球供應鏈和商品營運執行副總尚恩．柯蘭（Shawn Curran）說。這家公司把火災化為契機，重新思考他們的整體做法，使得創新的風潮蔓延到其他營運地點。紐約州費許克爾市的災難，反而在蓋璞內部點燃了新的火苗，現在，這把熊熊的創意之火已經蔓延到全公司。

「跌倒七次，要站起來八次」的哲學，最佳的體現就在創意和韌性出現交會之處。這不是那種相信「我什麼都能做」的盲目樂觀，而是面對逆境時，經過深思熟慮的回應。那並不是頑固，日常創新家要把挫敗當作機會，每次要用不一樣的方式再度站起來，利用全新的思維來引領前路。除去對錯的判斷，日常創新家要將挫折視為可以為後續創造性嘗試提供參考資料的數據。融合韌性與想像力，透過一系列創造性的調整和調適來贏得勝利。

墓仔埔不可怕

電影裡演出的創意性突破，總在一瞬間發生，總是很完美。機智的主人翁總是靈光一現，然後想出絕妙主意，只需要幾秒鐘就能辦到，一切完美無缺。好萊塢為大家詮釋的創新，其寫實度跟警探電影和灑狗血的午間電視節目一樣。但大家都因而受這種「神話」給迷惑，給自己設下荒謬不切實際的標準。如果想出來的點子還處在混亂、尚未精煉、不堪一擊的階段時，大家會將這項想法視為徹底失敗。更糟的是，還會內化這種想法，即自己不具創意，或無法與他人相提並論。且讓我們把好萊塢的幻想丟在一旁，一起來探索，創新通常會如何經過一系列挫折和錯誤而浮出水面。

首先，新點子一定都是混亂的。就好像不可能期盼新生兒馬上即學會照料自己，也不該給新生的概念設下不切實際的標準。其實初期階段的點子，幾乎都是有缺陷的。雖然藝術家的工作首要是創作，但測試作品、檢視和精煉，直到它恰到好處，這樣的循環也同等重要。藝術家（別忘了「諸位」都是藝術家）要能意識到，挫折和失誤都是創作過程的一部分，在第一次失敗後就放棄，就像在棋賽中，對手開局後即放棄一盤棋一樣沒道理。

另一個殘酷的事實，則是並非所有想法都會成功。從來沒有成功的發明家不曾失敗過，從沒有傳奇的詩人未曾寫過狂妄的散文，從沒有多產的音樂家沒彈錯過音符。如果並非不時地遭遇挫敗，單純只是因為還不夠努力。日常創新家不會刻意尋求失敗，或喜歡把它掛在嘴巴上講，但他們曉得那是創造過程中重要的一部分。從最糟糕的作品上得到的教訓和洞察，會為自己點亮下一件大師級作品的道路。

不只是力求創新的個人能認同「跌倒就要爬起來」是創作過程必經的節奏，世上成就非凡的企業也是如此。拿谷歌為例，谷歌顯然是享受著許多非凡成果的公司，但他們曾經歷過的失敗，就跟取得的成功一樣輝煌。有個網站成為「谷歌墓園」（KilledByGoogle.com），裡面洋洋灑灑整理出谷歌兩百零五件（目前還在增加中）已經關閉的服務，在這網站上，每樣死掉的產品悼文旁都有墓碑的圖樣，這些墓碑排列起來，光用看的，就能看出谷歌的失敗規模有多大。

每座小墓碑旁都有一則短文，記載了該項產品的簡述以及來到地球的時間。谷歌的高層領袖不會不願對它們道再見，並接受失敗。某些計畫在數月內就遭到終結，像是 Google Related，這項服務本要成為導航小幫手，幫助大眾在瀏覽網路時找到有用又有趣的情報。但谷歌意識到它的缺陷，這項計畫上線才八個月就遭到終結。另一個短命的產品叫 Google Hotpot，性質跟耶評論網站差不多，推出後才五個月就送進墳場了。

還有一些遠端的服務終止，無疑是因為授權過於困難。要停止已行之有年的產品，需要沖銷不能回收的投資資本，還要解散團隊員工，但谷歌願意放手，以換來能繼續前進。Google Directory，曾在網路上分類列出使用者各種愛好和興趣，即使運作了十一年，仍遭到擱置。Google Search Appliance，曾為企業客戶提供搜尋索引的機架式裝置，在其誕生近十七年後上了天堂。

從數位照片整理和儲存服務的Picasa，到可視訊傳訊息的聊天平台Google Hangouts，谷歌不會隱藏這些失敗，反而給予頌揚。這家公司能夠體認失敗之美，及其所帶來的體悟；踢走失敗品，將其留下的空白空間，作為創意的新畫布細細品味。

寶僑集團在辛辛那提（Cincinnati）的全球總部也採取了類似的做法；他們有一面「失敗之牆」，列出公司從一八三七年成立以來到現在，曾經有過的地雷產品。寶僑內部負責「失敗之牆」展覽的企業歷史專家麗莎・慕凡尼（Lisa Mulvaney）說明：「唯一比失敗之牆更糟糕的是完全沒有展示，忘記了為什麼產品沒有成功而再次犯下同樣的錯誤。」

麗莎最喜歡的一件失敗產品是風倍清空氣清香機（Febreze Scentstories），這具外型很像光碟播放機的奇妙機器，像播放列表一樣噴出一系列香氣。每隔十五分鐘，機器會噴出一款新香氣，讓房間聞起來味道清香。然而，消費者對這具機器感到困惑，為什麼它不會播放音樂？結果很快遭到消費者厭惡。另一樣優雅地展示在牆上的失敗品，則是為了讓商店陳列架和消費者櫥櫃可以省下更多空間的Charmin捲筒衛生紙節省空間包（Charmin Space Maker）。基本上只是把捲筒衛生紙壓扁然後真空包裝，體積變得比較小而已。可是，等到打開包裝以後，那些捲筒並不會恢復原始的形狀，導致顧客罵聲連連。

寶僑跟谷歌一樣，為他們的失敗作品致敬。寶僑擁有公開分享並從挫折中吸取教訓的自信，他們承認，每位創新者的作品，都有創意上的成功和失敗之處。想想看，寶僑的失敗之牆向公司數千名潛在創新者發出的訊息：公司容許承擔風險的責任，大家可以在安全的環境中發表創意。任何覺得這是個冒險舉動的人，我對此想要恭敬地回問一句：「不，做這樣的事會有什麼風險？是無關緊要的風險？還是甘冒平庸的風險？」

從億萬富翁、名人企業家，到葛萊美獎得主的音樂人，我採訪了世界上一些最成功的人，我可以說，最優秀的人不僅贏得更多，他們的失敗也更多。他們把挫敗看成是榮耀的徽章，而不是恥辱的記號。他們忍受失敗瞬時的痛苦，以便能學吸取教訓、調適和改進。通常是這樣的，長期的勝利是看似無窮無盡的短期損失的直接結果。

山謬爾．威斯特（Samuel West）博士便是喜愛失敗的人，身為專注於為創新創造最佳條件的組織心理學家，他研究了失敗在鼓勵和阻礙組織創造力上的作用。為了啟發實驗和探索，他於二〇一七年在瑞典赫爾辛堡（Helsingborg）設立了失敗博物館。顧名思義，這家博物館展示的是世界數百項最成功的企業所創造的失敗品。

有些是立意良好的點子，卻遭到市場拒絕，像福特在一九五七年推出的未來系車款Edsel。福特投資了大筆資金於這款車的設計和行銷，但這款定價高昂的汽車，最終成了商業上的失敗。邦諾書店（Barnes & Noble）的 Nook 是亞馬遜閱讀器 Kindle 的模仿版，它是有些夠酷的新功能，但還是不敵領頭羊的亞馬遜。可口可樂花了兩年時間開發咖啡味的 Coke BlaK，這項產品原本是獲寄與厚望的，但除了口味實驗室裡的人以外，可樂和咖啡的結合，實在引不起太多消費者的興趣，因此這項產品便很快就取消了。

還有一些產品走得太歪了，連推出都不應該。為了改善寵物乏味的飲水，有公司推出加了維他命的加味礦泉水：口渴狗（Thirsty Dog）和口渴貓（Thirsty Cat），詭異的棕色瓶裝水推出兩種口味，清爽牛肉口味給狗狗喝，濃郁魚肉口味則給貓咪喝。除了開發出這款商品的人以外，應該沒人感到驚訝，這個構想奇差無比的商品在不到一年就掰掰了。

還有，誰能忘得了 UroClub 排尿高爾夫球桿？這款曾號稱是每位高爾夫球手的最佳夥伴，失敗博物館為它提供的解說，則跟這項產品一樣引人發噱：「UroClub 高爾夫球桿看起來像普通球桿，但其實是精巧變身的便器。先打開防漏蓋，然後將隱私毛巾夾在腰帶上，在下面摸索一下，然後站在那裡，試著看起來像是思索下一步行動。垂在褲子前面像毛巾的小布塊叫作「隱私罩」。這樣一來，就不用擔心附近的女士被冒犯了。建議您先在家對鏡練習，才不會不好意思。」

顯然，沒法打完九個洞才去上廁所的高爾夫球玩家不夠多，撐不起這個市場。奇異的是，這項商品的發明人泌尿科醫生佛洛德・塞斯金（Floyd Seskin）並沒有損失他投資的三十萬美元，因為該產品仍當成惡作劇禮物繼續販售中。

「創新需要失敗」，失敗博物館用這句口號來頌揚沒能成功的創意嘗試。威斯特博士解釋：「創新和進步需要能接受失敗。這家博物館旨在啟發大眾用富有建設性的方式討論失敗，並激勵大眾進行有意義的冒險。」這家博物館最近在洛杉磯開了常設分館，並在上海和巴黎舉辦臨時展。

威斯特博士表示，尋求更多創新的組織必須提高對失敗的容忍度，這是創新過程中的必要步驟。具有諷刺意味的是，這位了解失敗的大師在這家博物館起步時，也犯下了愚蠢錯誤。威斯特博士一開始在為博物館的網站註冊域名時，拼錯了「博物館」（museum）這個字，這使他在向失敗致敬前就失敗了。撇開他差勁的拼字工夫不談，威斯特博士所做的，就是要讓大眾看到，失敗是過程中的重要一環。他幫助大家認識到，失敗，並不是什麼由 f 字首組成的四字不雅字彙，除非……他又不小心拼錯字了。

「滑掉」（SLIP）問題

湯姆・瑞法（Tom Rifai）博士跟我有相同的嗜好，我們都自稱是「披薩狂人」（他還宣稱他擁有「KitKat 巧克力的博士學位」。）我們除了是披薩與療癒美食的愛好者和親近好友以外，他還是健康公司現實遇上科學（Reality Meets Science）的創始人。瑞法博士開發出以理想健康為目標的生活型態系統，這套哈佛認可的計畫，幫助我在不使用藥物的情況下將「壞」膽固醇減少了近一半，體重減輕二十磅，心臟病發作的風險降低了一半以上。在這段過程中，他與我分享的眾多工具中有一項稱為「滑掉」（SLIP），這不僅是有效的健康飲食認知行為療法（把它想成是「心態」）技巧，且在面對任何挫折時同樣有效的方法。

SLIP 代表的是「停、看、調查、計畫」（Stop, Look, Investigate, and Plan），將心態從危機變為轉機。這是簡單、不帶批判的技巧，能幫助大眾在遭遇不管多大的挫折後，都能重整然後復原。舉例來說，如果我在星期五晚上發了瘋，用一瓶半黑皮諾紅酒把整條香腸和義式辣香腸披薩沖到胃裡，我可以採用「滑掉」的技巧來幫助自己恢復元氣。不然，等我清醒過來，就很容易陷入「怪罪遊戲」裡。如果不停下腳步，回到現實，重新校準自己，那麼，沮喪和羞恥的情緒會迅速演變成一系列無益的行為和選擇。

因此，度過麩質攝取過量的夜晚後，我「滑掉」第一步就在做任何事之前，先「停」下來。我可能會醒過來，帶著中度的宿醉，很想來一塊淋上楓糖漿的甜甜圈，當成是麻木痛楚的「快速藥方」，但那痛楚有部分是罪惡感。停下來，是要尋回「現實感」，誠實地接受前面發生的事情，作為學習時刻和改進的機會。可以這樣告訴自己：「停！不要緊的，我是個人，還沒死，沒有理由繼續挑戰自己的極限。」

接著，我會用客觀、現實、平衡的方式來「看」目前的情況。此時，不用去想什麼別的，畢竟做都已經做了。相反的，我心想：「我吃下和喝下肚的，超過了理想的份量，但我絕不是個糟糕的人、或完全失去控制。發生就發生了，是我做的，但現在，要自己決定接下來要怎麼辦，我要把自己的狀況變好。」

第三步驟，我會「調查」情況。在這步驟裡，我要用鼓勵、不帶批判的方式來評估發生的一切事情。好吧，我和朋友在一起，我被食物和酒迷住了。回顧之前發生的事（這即是調查），只要稍做修正，仍然可以過個愉快的夜晚。下一次，每新倒一杯紅酒前，我都要先喝一杯氣泡水。那會讓我飲酒的腳步慢下來，但又不至於好像都沒喝東西。此外，按照「滑」的步驟，或許（只是說或許）我還是可以放縱自己吃一點披薩，只不過會先吃一些健康的沙拉，這樣就不至於狼吞虎嚥，一下子就吞掉兩片披薩。

然後我會啟動計畫的步驟，對下一步要做什麼深思熟慮。這步驟中，我可以決定接下來三天都要吃得超級健康，或加進心肺運動，把先前放縱大吃累積的肥油燃燒掉。我也會為未來計劃周到的做法，這樣一來，下次和朋友一起吃披薩配紅酒時，可以有預先制定的策略，不至於在當下岔出了軌道——停、看、調查、計畫。

這個簡單的「滑掉」方法學，是在遭遇大敗之後，調整自己腳步的理想做法。無論是搞砸一場重要簡報、遭受負面工作評價，還是失去主要投資人的資金，花點時間「滑掉」這個問題，可以幫助自己從失敗中吸取教訓，而不是沉迷其中。我不希望看到糟糕的事件擴大蔓延成更多，因此，迅速阻止錯誤有助於讓事情重回正軌。瑞法博士鼓勵大家要接納偶爾跌倒的經驗，不要想成是失敗，雖然在當下那的確感覺就像是失敗。「滑掉」技巧是有力的方式，可以幫助自己重新站穩腳跟，無論被撞倒在地多少次。

一個人的聯盟

玩家緊緊握著控制器，看到另一艘飛船從旁呼嘯而過，當它正要飛進粉紅色的螢光隧道時，在幾吋的距離內撞上玩家的左翼。另一名對手正用最高速飛行，撞上旁邊的牆壁。玩家幾乎沒時間去注意那團爆炸的火球，因為已愈來愈接近發著光的紫色障礙物，這時需要使出上下翻轉的飛行技巧才能通過。轟隆隆的重金屬音樂炸進耳機，阻絕了飛馳而過的尖銳引擎噪音。玩家覺得自己彷彿置身《星際大戰首部曲：威脅潛伏》（Star Wars: Episode I - The Phantom Menace）裡緊張的納布星戰役，各式戰機使出眼花撩亂的飛行特技，為的就是要保護反抗軍同盟。

但，這不是科幻電影。

「無人機競賽聯盟是無人機的全球職業巡迴賽，」聯盟創始人兼執行長尼可拉斯・霍比奇司基（Nicholas Horbaczewski）在我們的訪談開始時解釋：「我們舉辦這項非常新、需要技術的高速刺激運動比賽，有世界各地的數千名觀眾來觀賞；接著，我們在全球九十多個國家轉播賽事，觀眾高達數千萬名。」

尼可拉斯說話的嗓音有些刺耳，但卻字字精準，有如從詩人口中說出感情豐富的散文。他整潔俐落的外表，讓人聯想起常春藤聯盟的大學生，但他流露出善於競爭的韌性，讓人覺得他好似街頭鬥士。才不到幾分鐘的時間，就感覺到我講話的對象將來注定要列入史冊，就像是採訪轉入職業網球前的美國網球女將塞雷娜・威廉絲（Serena Williams）一樣。他的聲音既謙虛又自信，既堅定又充滿好奇。

給無人機競賽聯盟最好的說明，便是他們無人機的一級方程式賽車，有速度、戲劇性、競爭性和技術性。這項運動正在飛速發展，但要讓無人機從地面上飛起來，跟比賽一樣具有挑戰性。在將他的願景變成現實的過程中，尼可拉斯經歷過多次榮耀的勝利，也遭遇過毀滅性的慘敗。在隨著尼可拉斯探索他的旅程時，會看到他這則高速、高賭注的故事，表現出來的不只是跌倒七次，站起來八次的精神，而是日常創新家的全部八種執迷。

開始有無人機競賽是在二〇一〇年，當時澳洲的業餘玩家開始玩他們的無人機。他們給無人機裝上了攝影鏡頭，讓他們體驗到操控無人機時，彷彿跟著一起飛行。接著，這些業餘愛好者開始互相比賽，朋友之間靠著操控技術贏過彼此，以便回去能夠吹噓誇耀。他們建造起外觀很原始的賽道，用粗糙手法拍攝 YouTube 影片，無人機競賽很快變成聚集起熱衷信徒的地下活動。

到了二〇一四年，無人機競賽已傳播到世界各地，尼可拉斯第一次參加了競賽。「那時是在長島，紐約市外面，家得寶（Home Depot）量販店後面的空地，」他說：「大家利用泡棉做的游泳棒，做成讓無人機穿越的門，就這樣，我們用自製的無人機舉行競賽，那實在太業餘、太手工感了……但還是有非常好玩的時刻。我覺得這是我看過最酷的東西。」

就在那時，尼可拉斯「愛上了一個問題」。他想像無人機競賽成為高水準的職業運動，但很快地，他便發現有非常多難題阻礙了他想實現的願景。尼可拉斯解釋：「很多人都在想，要如何把這項愛好與全世界分享。我認為其中的差異在於，要退後一步自問：潛在的問題在哪裡？如果這東西真的有我們認為的那麼酷，那它早應該躍上主流了，是什麼在阻撓呢？」

當時的技術還有重大的短缺，像沒有任何現存平台可以供應工業級攝影機、控制器、車載診斷系統、計分技術和感測器。此外，還需要贊助商、投資人、職業競賽手、媒體聯絡人、場館所有人和狂熱的粉絲，才能打造出運動賽事。結果他發現這是牽涉到許多層面的僵局，因為每位相關人士都想要等其他條件都已到位了才想進來。尼可拉斯的問題清單不斷變長，但他沒有把目光鎖定在特定的解決方案上，而是保持開放的態度，願意隨著條件不斷變化而調整。

沒有資金、也沒有詳細的計畫，尼可拉斯還沒做好準備就開始動手了。「我們一開始就火力全開，朝著錯誤方向前進，花了幾個月的時間才發現，然後暫行退後一步，」尼可拉斯解釋道。他遭遇到眾多打擊中的第一個，便是他沒有全盤掌握技術缺陷有多大，直到他開始做了以後才發現。他所需要的工業級技術根本還不存在，「能找到的，只有嗜好級版本，當我們全力衝刺要把這項運動變得更好，卻發現它根本連基礎都沒有。我們得叫停，完全重新來過，把自己變成科技公司。到了今天，無人機競賽聯盟的核心資產是非常工程取向的，我們公司有一半以上的人是工程師。」

募集資金，則是另一場艱難的奮鬥，據尼可拉斯的說法，投資人要不是當著他的面嘲笑他這個主意太瘋狂，不然就是他們雖然能懂，卻抱持極其不切實際的期待。他們能想像《星際大戰》中的飛行器戰鬥的場面，但又對無人機競賽聯盟還沒辦法達到那種境界感到失望。「我們在一些人認為這太瘋狂，和一些人已設想的最完美版本之間搖擺不定，」尼可拉斯回憶道。

等到他終於拿到有限的啟動資金，尼可拉斯設立了試菜廚房。透過快速實驗，他的團隊拼湊出技術平台的頭一個版本。他們建立起無人機、操作技師和賽道的快速修補循環，讓這項運動終於可以開始動起來。但就在一切看起來終於大有可為的時候，尼可拉斯發現他又被擊倒在地。「我們第一次的測試賽是場大災難，」他用痛苦的聲音說：「我們邀請了所有潛在投資人來看，但現場沒一件事沒出差錯，我們好像被澆了一盆冷水。」

在公司逐漸成形的時候，尼可拉斯需要大量「倒下七次，站起來八次」的毅力。就在命運乖舛的示範賽前兩個月，技術的表現實在太差，因此他們砍掉重練，從零開始打造無人機。尼可拉斯對投資人和合作夥伴講得過分樂觀，而他最擔心的事情真的就在當天真實上演。來觀賽的人預期看到一百二十架無人機，但無人機競賽聯盟只拿出十二架，其中還有許多架缺少零件。這是一次使人卑微的經歷，但讓他和公司變得更強大。與其沉溺在羞愧的情緒中，他們從試煉場上走下來，回到他們的試菜廚房。

等到二〇一五年十二月，無人機競賽聯盟在邁阿密的海豚體育場（Dolphin Stadium）舉行第一次真正的賽事，他們持續不懈的實驗終於有了回報。「我們建造賽道，打開我們自製的無線電系統，第一次在賽道上駕駛無人機。這是個非常特別的時刻。我和我們的技術部主任站在那裡，互看了一眼，意識到我們是世界上第一組，看到無人機以那種速度飛行那麼複雜航線的人。這提醒了我們，我們所做的是開闢新天地。」不到一年，邁阿密賽事的影片在世界各地的觀看數達到四千三百萬次。

當有必要砍掉重練的時候，尼可拉斯也能夠拿起大榔頭（而不是他的筆電），親自動手。雖然自艾森豪總統以來，大部分的賽事沒有大幅更動過比賽規則，但無人機競賽聯盟每年都會修訂計分系統。「大多數人都說我們瘋了，任何運動都不應該重新改寫他們的計分系統。我說我們必須這樣做，因為操作員會愈變愈厲害，技術也會愈變愈厲害，飛行的可能性變得更多，因此需要調整計分，使得這項運動盡可能保持它的衝擊力。我們不能拘泥於舊觀念。」

公司團隊並不是把先前的做法微調一下就算了，而是乾脆拿無人機使用的高辛烷燃料，一把火給燒了。「我們將之全數作廢，重新再發明新的，」尼可拉斯笑著說，「必須阻絕過去所做的一切，忘掉那些經歷，從一張新的白紙開始。」

「這項運動的一大優點在於，沒有任何傳統阻礙我們前進，」尼可拉斯興奮地說道，他繼續分享他「砍掉重練」的方法。「我們一邊前進一邊發展這項運動，技術上的發展也讓我們可以做到新的事。我們幾乎想到一切能想到的，像是讓人透過虛擬無人機，從遠端跟職業玩家比賽，到可望賦予無人機進攻和防禦能力，讓它們得以進行空戰。我們想要實現在電玩遊戲中看到的一切，這項運動每年都會精益求精，變得更加精彩，這就是我們對粉絲的承諾。」

關於「選擇不尋常的路」，尼可拉斯和團隊認為，如果有些無人機是用人工智慧來操控，一定會很酷。這家公司已和製造飛機的洛克希德馬丁公司（Lockheed Martin）合作，要來打造自主無人機競賽，現在已屬於職業選手正式較勁的主賽前的副賽。

另一個選擇不尋常的策略中，尼可拉斯決定直接從他的粉絲群中招募新一代職業玩家。「我們經常談論到無人機競賽立足在數位和真實世界之間的模糊地帶，因為這是遠端操控機器人的運動。由於是遠端操控機器人，我們只要坐在某地便能起飛一架模擬無人機，不需用一架真的無人機。我們打造了聯盟的 DRL 模擬器，讓每個人都有機會學習如何用無人機來競賽。每一年度，我們都會舉行試飛。任何玩過模擬器的人都可以開始參加競賽，如果贏了，就可以獲得成為無人機競賽聯盟飛行員的合約。」

我敢說，不可能有任何職業美式足球聯盟（NFL）和美國職籃（NBA）的粉絲，會離開距離運動場又高又遠的座位，穿起裝備去跟真的職業球員比拼。「這是我們所知世界上唯一可以完全透過模擬來學習的運動，還可以贏得競賽模擬，並立即進入現實世界中的職業聯賽，」尼可拉斯自豪地說。

儘管公司成功募到啟動資金，但他們並沒有巨額資金可揮霍，這迫使團隊要在極其昂貴的職業運動場上善用資源，即：「把牙膏擠到一點不剩」。美國職業美式足球聯盟裡，價值最低的隊伍是值十九億美元的水牛城比爾隊（Buffalo Bills），而身價非凡的達拉斯牛仔隊（Dallas Cowboys）則是價值五十五億美元。如果覺得買下一支職業運動隊伍就已是驚人的天價了，想想看，要成立全新的運動聯盟得花多少錢？

雖然這在大眾想像中可能要好幾十億美元，尼可拉斯卻想到要如何用少得多的金錢來實現。為此，他與美國國家廣播公司的體育台和天空體育台（Sky Sports）從早期即建立媒體合作關係，並努力爭取主要贊助商，包括安聯保險公司（Allianz）。到今天，整個聯盟只有一百名全職員工，這是因為尼可拉斯一直抱持他能隨機應變、善用資源的本色。

想當然耳，無人機競賽聯盟也採取了「莫忘來顆薄荷糖」的策略。當我解釋這個概念給他聽時，尼可拉斯說：「驚喜和喜悅是一定要的，餐後薄荷糖是促進客戶滿意度的重要概念。例如，每年在冠軍賽中，我們都會在賽道上放進前所未見的元素，不管是飛行手、粉絲或是我們自己都不曾見過的東西。我認為這對粉絲和飛行手來說都很開心，這讓我們的冠軍賽非常刺激。」

另一枚餐後薄荷糖，則是粉絲體驗每場賽事的方式，因為無人機競賽聯盟是唯一一項觀眾和競賽者擁有相同體驗的運動。裝設在無人機上的攝影鏡頭會回傳訊息給飛行手，後者穿戴虛擬實境眼鏡，感覺像是他們坐在無人機裡一樣。不過這種樂趣可不是飛行手自己獨享，因為現場訊號同時也分享給觀眾。「這讓我們能全力發揮觀看運動賽事時最大的樂趣，」尼可拉斯告訴我：「不只是在看，事實上自己也在在競技場上體驗。就像坐在高速噴射機內，在空中呼嘯而過。這對觀眾來說是身臨其境的獨特體驗。」

在他將看似不可能的夢想逐步成為現實時，尼可拉斯墜落在地的次數幾乎跟他的無人機一樣多。但他發揮了「跌倒七次，站起來八次」的心態，讓他撐過募資困難、技術失敗、飛行員不滿等事件，現在還包括新冠肺炎的疫情危機。隨著這項運動逐步發展，不可避免地會出現更多失敗，也許有一天他的某次失敗會在失敗博物館展出。「當無人機呼嘯而過時，會看到很多墜機。每場比賽中有大約一半的無人機撞毀。在這些壯觀的墜機事故中，無人機以每小時九十哩的速度一頭撞上牆壁，碎裂成無數碎片，」尼可拉斯說。

雖然他表面上在談論無人機，我敢肯定他也將這些想法內化到心裡。他在無人機事業上萌發的不少創意點子，是其他人看得到追不到的車尾燈。那種速度和複雜度，同時導致了成功和失敗，而他的創意韌性，則是值得注意的事業在發起和維持所需要的。

尼可拉斯正是日常創新家的化身，他把創意看成日常的習慣、必須經過培養的紀律。他創立新穎職業運動的「巨大」創新，透過數十種「小」創新和數千種「微」創新得來的（也就是「微創新大突破」）。透過八種執迷的運用，他建立起龐大的組織，裡面沒有嚴肅的競爭，其成長潛力沒有極限。

但尼可拉斯不想談論任何隱喻或假設，他反而想要回到美好的賽場上。「每當有粉絲出現在我們的賽場上，他們首先看到的第一件事物，便是極為精巧繁複、裝飾著明亮燈飾的立體空間賽道，蜿蜒地蔓延我們所在的任何建築物裡。我們在各種場地舉行過賽事，從傳統的體育場館、倫敦郊區的皇宮到德國慕尼黑的寶馬汽車總部。無論在哪舉行賽事，都會看到這些霓虹燈，那讓我們彷彿置身在科幻電影裡。」

我們的對談即將結束，尼可拉斯微笑著說：「這是立體空間的競賽，是機器人而不是賽車的競賽。運動員拿出來的表現，可以說很接近一號方程式賽車或 NASCAR 賽車，它包含了許多不同的元素，但最終，它看的還是誰率先抵達終點線。」

有了尼可拉斯創意性十足的領導，無人機競賽聯盟確實是首先抵達終點線的公司。而當我們在自己的職業和生活中，穿梭於複雜和競爭激烈的競賽場時，相同程度的刺激旅程也將屬於我們。當我們高速一頭撞上牆壁時，肯定有痛苦的時刻。飛行的時候，困難的賽道可能會改變，肯定會有別人從旁邊疾馳而過，想要把我們從空中打下來。會帶來輝煌成就的神奇時刻，隨後可能接著痛苦的打擊，我們需要從灰燼中站起來，繼續堅持，追尋我們的創意。

現在，我們已經瞭解了真正的創造能力，已經穿戴上最新的裝備進行戰鬥。透過培養日常創造力的習慣，得以越來越熟練，就像利用模擬器練習無人機飛行的業餘人士，有朝一日，也能變成靠這門技術賺錢的職業飛行員一樣。他們的技術經過嚴格的訓練得以成長，同樣的，我們的創意技能，也得以因為採納共同學到的思維方式和方法而延展。

創新，就像無人機競賽一樣，不是個只許會員進入的俱樂部。無論是男是女，來自哪個地區或哪種背景，屬於哪種體格，無論具有何種觀點和想法，創新是任何人皆可取得的公開之物。創新是運動，所有人都能掌握其秘訣。

現在，是時候將創意分享給這個世界了。

第十三章 輪到你了

和讀者一起走了很長一段路，我們深入研究了關於人類創造力的最新研究，了解到每個人都擁有深厚的能力，即使需要將其從冬眠中喚醒過來。我們看到了創新在職涯和社群中的重要性，探索了即使是很小的創意升級，也能帶來巨大的競爭優勢。我們研究了各行各業創意人士的習慣，了解到技能可隨著小型的日常練習而不斷延伸。我們還證實了人類創造力的萬能，如何提供有意義的優勢，無論我們各自的背景如何不同。

林曼努爾．米蘭達的音樂劇《漢彌爾頓》裡，最有名的歌曲稱為《我的機會》（My Shot）。這首歌的歌詞講到年輕的漢彌爾頓擁有遠大抱負，他計劃利用他求知若渴和善用資源的能力，讓自己揚名天下，為國家盡力。歌詞唱出了他的堅定決心，要把握機會，不願白白浪費。這首歌敘述了他要發揮潛力，不懈地追求他的使命，拒絕放棄他的機會。除了他自己要把握機會以外，他也堅持其他人要站起來把握機會。他說，我們手上都有機會，我們的責任就是要好好把握機會。

漢彌爾頓拒絕丟棄他的機會，現在，讀者已得到了必需的工具和思維方式，是時候把握自己的機會了。就像漢彌爾頓那樣，那需要勇氣和承諾。嘗試過，但沒做好，也好過連試都沒試。

作家尼杜・庫比恩（Nido Qubein）講得很好，他說：「紀律的代價永遠小於後悔的痛苦。」雖說需要保持紀律來培養創意技巧，但我們的創造性會變成釋放出全副潛力的重要鑰匙。

創辦鯖鯊醫學的查德・普萊斯，讓我們看到「愛上問題」能夠揭開創意的帷幕，找到新鮮的解決方案。同樣的做法，葛瑞格・施瓦茲之所以能在 StockX 上大獲成功，便是因為他能快速推出服務，接著邊走邊修正航線。

無論是專注於發明新的特色漢堡，或僅僅改善薯條的香脆度，搖擺屋的主事者藉由「成立試菜廚房」，推動各種創新和改良。美國萬通人壽保險公司、曼樓創新，都是靠著快速地進行實驗，而得到了不起的成果。

薩爾・可汗翻轉了全球教育，願意採納「砍掉重練」策略的人，得以收穫龐大的回報。樂高集團持續不斷地重新想像和重新創造，其結果便是他們踏上了出人意料的旅程，成長為全球最大的玩具公司。

惡作劇專家強尼杯子蛋糕，靠著展現他的古怪特色，「選擇不尋常的路」。寶僑企業的麻煩製造長達士汀．蓋瑞斯，讓我們看到古怪策略能夠引導不管任何規模的組織，邁向重大的進步。

街頭藝術家柯亞．庫格勒用撿來的報廢素材打造機器人樂團，他的故事教會我們什麼是善用資源。佛羅里達大學的傑夫．思提、電動機車先驅塔拉斯．克拉夫卻克，他們都利用少成就多，讓我們看到把「牙膏擠到一點不剩」時，能夠得到多大的成就。

麥迪遜公園十一號的廚藝高手，則讓我們看到尊崇「莫忘來顆薄荷糖」的哲學，發揮巧思，來點額外的創意，能為生意帶來不成比例的正面影響。原子鞋業的西德拉．卡芯和瓦卡斯．阿里運用相同的策略，提供完美合腳的鞋子。

誰能忘掉尼可拉斯．霍比奇司基的創業途中一次又一次墜機，最終他靠著「跌倒七次，站起來八次」的毅力，終於創立精彩競技的無人機競賽聯盟。我猜大家過去一定不希望失敗博物館展出自己的產品，但現在恐怕已改變心意。

現在，大家可以披上全副武裝，準備好一試身手，千萬別忘記，就算是那些最厲害的、可以改變世界的創新，不過都是一連串微小創意鎔鑄起來的。最成功的前行路徑並非龐大、狂野的大跳躍，而是每天培養小型的創意，將之累積起來，得到實質成果。當養成習慣，發展出良好技能時，所遭遇的風險就會降低，發揮的影響力也會更大。

能走多遠

二〇一六年的迪士尼動畫電影《海洋奇緣》（Moana），與片名同名的女主角莫娜，住在寧靜的夏威夷島嶼上，她的家族歷代都定居在此，家人寄望莫娜也永遠不要離開。在這座富饒的島上，生活非常舒適，雖然生活無虞，但她渴望更多。大海召喚她，而她也意識到注定會離開這座溫馨島嶼，去外面闖一下。她不曉得地平線外有哪些挑戰和契機，並不確定能走多遠。但在她心裡，她知道得離開這座與世隔絕的島嶼，才能完成她的命定。

我完全認同，我們的島嶼所帶來的安全感。我也很欣賞有人能鼓起勇氣跳上小船，航向未知的海域。然而，在本書學到的技巧，能夠為自己發揮作用，讓旅程更加安全，且能提供所需要的工具，幫助自己到達目的地。配備好新開發的技能，是時候離開岸邊，朝著自己全副的創意潛力航行而去，是時候看看能走多遠了。

莫娜離開安逸家鄉，航向海洋，尋找目標和冒險時所唱的歌，就是林曼努爾．米蘭達寫下的《我會走多遠》（How Far I'll Go）。歌詞中，莫娜唱出她想要探索疆界外的深刻渴望，她想要超越別人對她的期望。每條路似乎都引領她到大海，她得以自由航行，發掘所有可能。莫娜望向遠方，她想知道她能走多遠，這不光是她能走到多遠的地方，更是她能夠闖出什麼樣的天下。內心有股聲音召喚她去新的地方、攀上新的高度，改變她周圍的世界。她意識到需要航向未知水域，才能發現自己能走多遠。我想不出比這更合拍，更鼓舞人心的場景來描繪共有的呼召：成為日常創新家，在世界上留下自己的蹤跡。

在來到尾聲之際，我要為讀者勇敢航向地平線，探索創造力所盡的一切努力，祝諸位成功、豐收！

現在，輪到自己去把握機會了。

現在，是時候看看能夠走得多遠。

致謝

寫一本書看似是獨立作業，但事實上需要團隊才能夠完成。如果少了工作人員的不懈支持，這本作品是不可能完成的，我非常感謝他們。

蒂亞・林克納（Tia Linkner），我了不起的另一半、靈魂伴侶、妻子和我人生的英雄，你激勵我，鞭策我成為最好的自己。沒有你無條件的支持，這本書永遠無法寫出來。謝謝你做我的繆思、我的編輯、療癒師，以及我的靈感來源。我愛你。

所有在 Platypus Labs 的同事，我要向你們致上無上感謝。我的長期事業夥伴 Jordan Broad，好笑到不可思議的 Matt Ciccone，傑出瀟灑的 Connor Trombley，神秘的 Kaiser Yang，及安靜如刺客的 Lina Ksar。很榮幸能和你們共事，我很感謝你們致力於讓世界變得更有創意。我還要大大地向 Tori Anderman 致敬，她的研究在這件工作中非常重要。隨著這本書接近問世，我找到所認識最聰明的人來試讀這本書，這些可憐的傢伙得逐章閱讀粗略的手稿。接著他們給我珍貴的意見，讓最後的成品變得更好。Alex Banyan、Ben Nemtin、Mike Scott、Renita

Linkner、Bill Wood、Suneel Gupta、Ryan Deisenroth、Ethan Linkner、Gabe Karp、John Tracy、Scott Schoeneberger、Robb Lippitt、Rich Gibbons、Lenny Cetner、Michael Farris、Nick Tasler、Peter Sheahan、Barry Demp，謝謝你們，誠心感謝你們的幫忙。

我還要感謝為這本書的出版而努力的團隊：Post Hill Press 出版社的 Anthony Ziccardi、Maddie Sturgeon、Meredith Didier；Fortier 公關公司的 Mark Fortier 和 Megan Posco；Dupree Miller 的 Shannon Marvin；以及社群媒體奇才 Chris Field。

我還要感謝為了這本書而接受採訪的許多創新家，包括：聯合海岸（United Shore Mortgage）抵押貸款公司執行長馬特．伊什比亞；囚徒健身房（CONBODY）執行長兼創辦人考斯．馬提；Savannah Bananas 老闆兼執行長 Jesse Cole；底特律華勒斯吉他公司的馬克．華勒斯；強尼杯子蛋糕的執行長兼創辦人強尼卡普凱茲；純粹口香糖的執行長兼創辦人凱倫．普羅森；鯖鯊醫學的執行長兼創辦人查德．普萊斯；StockX 的營運長兼共同創辦人葛瑞格．施瓦茲；佛羅里達大學創新學院的傑夫．思提；「陪她走一里路」計畫的創辦人、活動家兼電影工作者瑪若莉．布朗；迪士尼前任創新總監鄧肯．沃爾鐸；Mine Kafon 的執行長兼創辦人 Massoud Hassani；曼樓創新的執行長兼創辦人瑞奇．雪瑞登；寶僑企業前任麻煩製造長達士汀．蓋瑞斯；無人機競賽聯盟的執行長兼創辦人尼可拉斯．霍比奇司基；塔風的執行長兼創辦人塔拉斯．克拉夫卻克；《怪胎的力量：局外人身處在局內人的世界裡》作者奧爾加．哈贊；nanobébé 的共同創辦人阿薩夫．克哈特和阿亞爾．藍特納瑞；以及哈呃的執行長兼創辦人雷溫．瑞斯托立克。

我收到非常多業界同事和友人給我的專業指導和支持，包括：Nick Morgan、Peter Sheahan、Tim Sanders、Jon Reede、Marc Reede、Alec Melman、Daniel Ymar、Barrett Cordero、Ken Sterling、Nancy Vogl、Duane Ward、Shawn Hanks、Brian Lord、Angela Schelp、Richard Schelp、Rich Gibbons、Kelly Eger、Christine Farrell, Martin Perlemuter, Mark Castel、Gordon Alles、Neil Pashricha、Johnny Cupcakes、John Foley、Jim Keppler、Warren Jones、Kelly Skibbe、Matt Jones、Kristin Downey、Victoria Labalme、Brittany Kreutzer、Jennifer Lier，謝謝、謝謝你們！

我還要感謝我怪奇又有創意的家人，謝謝我四個孩子，諾亞、克蘿伊、艾薇、塔莉亞。我以你們為榮，永遠愛你們。我還要深深感謝的人包括：Renita Linkner、Larry Warren、Constantin 和 Marcelle Kouchary 夫婦、Ethan 和 Tara Linkner 夫婦、Sara 和 Nick Zagar 夫婦、Ryan 和 Carla Deisenroth 夫婦、Michael Farris、Joe Wert，以及我瘋狂的表兄弟姐妹和姪甥輩。還要特別感謝我的「小犬」達文西，這隻小小的約克夏有大大的胸懷，在我寫作途中始終與我作伴。我還要感謝那些已離我們遠去，但仍在我們的想法中佔有一席之地的人：Leonard

Linkner、Ronnie Linkner、Robert Linkner、Benjamin Farris、Mickey Farris、Monica Farris Linkner。

最後，我要謝謝投入了幾個小時來研究創造力的讀者，希望各位都學到了東西，也從中獲得樂趣，祝各位未來在創意的領域中大獲成功。去製造些麻煩把！

喬希・林克納

二〇二〇年秋，寫於密西根州底特律市

國家圖書館出版品預行編目資料

微創新大突破：八大心法教你培育創意的火花，平凡的點子也能累積出意想不到的成果／喬希・林克納（Josh Linkner）著；連緯晏（Wendy Lien）譯. -- 初版. -- 臺北市：遠流出版事業股份有限公司, 2023.01

面；　公分

譯自：Big little breakthroughs : how small, everyday innovation drive oversized results.

ISBN 978-957-32-9903-5（平裝）

1. CST: 商業　2. CST: 創意　3. CST: 創造性思考

494　　111019268

微創新大突破

八大心法教你培育創意的火花，平凡的點子也能累積出意想不到的成果

作者／喬希・林克納（Josh Linkner）
譯者／連緯晏　尤凱容
總監暨總編輯／林馨琴
特約編輯／鍾婉華
行銷企劃／陳盈潔
封面設計／陳文德
內頁排版／新鑫電腦排版工作室

發行人／王榮文
出版發行／遠流出版事業股份有限公司
地址：臺北市中山北路一段 11 號 13 樓
電話：（02）2571-0297
傳真：（02）2571-0197
郵撥：0189456-1

著作權顧問／蕭雄淋律師
2023 年 1 月 1 日　初版一刷
新台幣 定價 450 元（如有缺頁或破損，請寄回更換）

ISBN 978-957-32-9903-5

遠流博識網
http://www.ylib.com
E-mail: ylib@ylib.com

A POST HILL PRESS BOOK
Big Little Breakthroughs:
How Small, Everyday Innovations Drive Oversized Results